4판 1쇄 발행	2025년 4월 1일
글쓴이	김은선
그린이	정중호
펴낸이	이경민
펴낸곳	㈜동아엠앤비
출판등록	2014년 3월 28일(제25100-2014-000025호)
주소	(03972) 서울특별시 마포구 월드컵북로22길 21, 2층
전화	(편집) 02-392-6901 (마케팅) 02-392-6900
팩스	02-392-6902
전자우편	damnb0401@naver.com
SNS	

ISBN 979-11-6363-950-3 (73400)

※ 책 가격은 뒤표지에 있습니다.
※ 잘못된 책은 구입한 곳에서 바꿔 드립니다.
※ 이 책에 실린 사진은 위키피디아, 셔터스톡에서 제공받았습니다.

초등 융합 사회과학 토론왕 시리즈의 출판 브랜드명을 과학동아북스에서 뭉치로 변경합니다.
도서출판 뭉치는 ㈜동아엠앤비의 어린이 출판 브랜드로, 아이들의 지식을 단단하게 만들어주고, 아이들의 창의력과 사고력을 키워주어 우리 자녀들이 융합형 창의 사고뭉치로 성장할 수 있도록 좋은 책을 만들겠습니다.

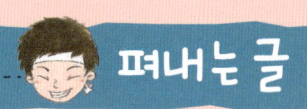
펴내는 글

<u>스포츠 신기록을 세우는 건 인간의 힘일까요, 과학의 힘일까요?
인기 종목과 비인기 종목이 골고루 발전할 수는 없을까요?</u>

선생님의 질문에 교실은 일순간 조용해지기 시작합니다. 인내심이 한계에 다다른 선생님께서 콕 집어 누군가의 이름을 부르는 순간 내가 걸리지 않았다는 안도감에 금세 평온을 되찾지요. 많은 사람 앞에서 어떻게 말을 해야 할까 고민 한번 해 보지 않은 사람은 없을 겁니다.

사람들 앞에서 자신의 생각을 조리 있게 전달하는 기술은 국어 수업 시간에만 필요한 것이 아닙니다. 학교 교실뿐만 아니라 상급 학교 면접 자리 또는 성인이 된 후 회의에서도 자신의 의견을 분명히 표현할 수 있어야 합니다. 하지만 어디서부터 시작해야 할지 몰라 입을 떼는 일이 쉽지 않습니다. 혀끝에서 맴돌다 삼켜 버리는 일도 종종 있습니다. 얼떨결에 한마디 말을 하게 되더라도 뭔가 부족한 설명에 왠지 아쉬움이 들 때도 많습니다.

논리적 사고 과정과 순발력까지 필요로 하는 토론장에서 자신만의 목소리를 내려면 풍부한 배경지식은 기본입니다. 게다가 고학년으로 올라가서 배우는 수업과 진학 시험에서의 논술은 교과서 속의 내용만을 요구하지 않습니다. 또한 상대의 의견을 받아들이거나 비판하기 위해서도 의견의 타당성과 높은 수준의 가치 판단을 해야 하는 경우가 많은데, 자신의 입장을 분명히 하기 위해선 풍부한 자료와 논거가 필요합니다.

토론왕 시리즈는 사회에서 일어나는 다양한 사건과 시사 상식 그리고 해마다 반복되는 화젯거리 등을 초등학교 수준에서 학습하고 자신의 말로 표현할 수 있도록 기획 되었습니다. 체계적이고 널리 인정받은 여러 콘텐츠를 수집해 정리하였고, 전문 작가들이 학생들의 발달 상황에 맞게 스토리를 구성하였습니다. 개별적으로 만들어진 교과서에서는 접할 수 없는 구성으로 주제와 내용을 엮어 어린 독자들이 과학적 사고뿐만 아니라 문제 해결력, 비판적 사고력을 두루 경험할 수 있도록 하였습니다. 폭넓은 정보를 서로 연결 지어 설명함으로써 교과별로 조각나 있는 지식을 엮어 배경지식을 보다 탄탄하게 만들어 줍니다. 뿐만 아니라 국어를 기본으로 과학에서부터 역사, 지리, 사회, 예술에 이르기까지 상식과 사회에 대한 감각을 익히고 세상을 올바르게 바라보는 눈도 갖게 할 것입니다.

『스포츠 과학』은 올림픽, 월드컵 등 큰 국제 스포츠 경기를 보면서 가질 수 있는 다양한 궁금증을 다루고 있습니다. 스포츠 과학의 의미부터 스포츠 경기 속에 숨어 있는 과학 원리, 스포츠 심리 그리고 스포츠 정신 등을 어린이 기자단이 취재하는 형식으로 풀어 주인공과 '함께' 알아 가는 기분이 듭니다. 이 책을 통해 독자들이 스포츠를 더 재미있게 즐기고 볼 수 있다면 이 책의 가치는 충분히 발휘된 것입니다. 그리고 스포츠에 관련된 여러 토론거리들을 자신의 말로 주장할 수 있다면 더 없이 소중한 시간이 될 것입니다. 또한 국어는 기본이고 과학에서부터 역사, 지리, 사회, 예술에 이르기까지 상식과 사회에 대한 감각을 익히고 세상을 바라보는 눈도 갖게 될 것입니다.

편집부

차례

펴내는 글 · 4
스포츠? 과학? 스포츠 과학! · 8

 **봄 호 스포츠와 과학은 따로따로가 아니야! · 11**

기획 기사 · 스포츠 과학은 문어발!

현장 스케치 · 세계 속 스포츠의 위상

기획 인터뷰 · 체육과학연구원을 방문하다!

토론왕 되기! 스포츠와 광고

 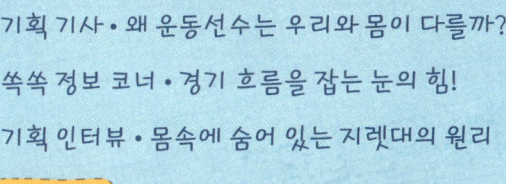 

여름 호 프로 선수는 몸부터 달라! · 33

기획 기사 · 왜 운동선수는 우리와 몸이 다를까?

쏙쏙 정보 코너 · 경기 흐름을 잡는 눈의 힘!

기획 인터뷰 · 몸속에 숨어 있는 지렛대의 원리

토론왕 되기! 올림픽의 역사와 진정한 가치

 **가을 호 과학으로 무장한 스포츠 장비 · 61**

생생 체험 수기 · 신기록을 돕는 과학

기획 기사 · 0.이초의 승부, 과학으로 옷을 입다

가상 인터뷰 · 공들의 다툼, 그 뜨거운 현장

토론왕 되기! 스포츠 신기록을 세우는 건 인간일까, 과학일까?

겨울 호
마음으로 보는 스포츠 · 95
기획 기사 • 불안과 금메달을 동시에 잡는 법!
기획 인터뷰 • 편파판정, 빨리 잊는 팀이 이긴다
톡톡 사설 • 폴 박사님의 특별한 편지
토론왕 되기! 땅에 떨어진 스포츠 정신을 찾아라!

특별 호
모두를 위한 스포츠 과학 · 119

쏙쏙 정보 코너 • 운동하기 전 이것만은 알아 두자!
기획 인터뷰 • 건강 다이어트 비법은 스포츠 과학?
현장 스케치 • 우리 모두를 위한 스포츠 과학
토론왕 되기! '건강하다'는 것의 진정한 뜻

어려운 용어를 파헤치자! · 142
신 나는 토론을 위한 맞춤 가이드 · 144

최고속 군은 이미 팬클럽까지 거느리고 있는 동아초등학교 최고의 운동 스타. 이번 운동회에서도 또다시 1등 테이프를 끊은 최고속 군을 만나 그 비법을 묻자, 그는 아무렇지 않은 듯 "스포츠 과학 덕분이지!"라고 대답했다.

하지만 많은 학생들은 스포츠 과학에 대해 잘 모르는 것으로 나타났다. 신문부에서 특별 설문 조사를 진행한 결과, 동아초등학교 학생 75% 이상이 '스포츠와 과학이 무슨 상관이 있는지 모르겠다'라고 답했다. 스포츠 과학이 도대체 무엇이기에 최고속 군을 스타로 만들었을까? 동아초등학교 어린이 기자단은 스포츠 과학의 정체를 밝히기 위해 올봄부터 1년에 걸쳐 기획 기사를 싣기로 했다.

봄 호

스포츠와 과학은 따로따로가 아니야!

봄 호

별난 기자단의 톡톡 통신

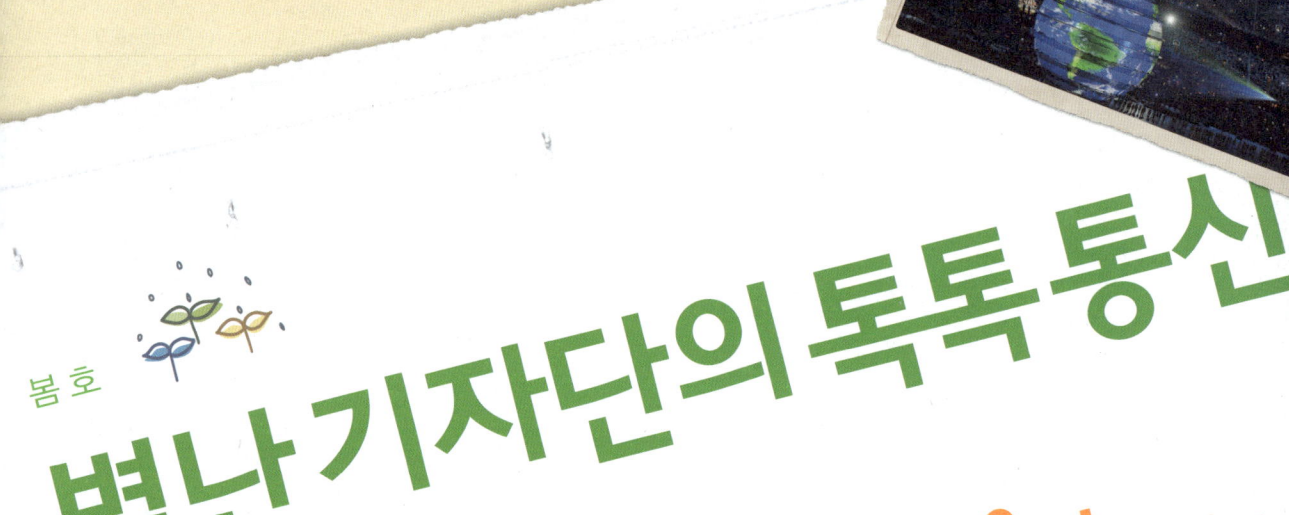

현장 스케치 세계 속 스포츠의 위상

동아초등학교 차분한 체육 선생님의
유익하고 지루한
봄 운동회 연설문 대공개!

기획 기사

스포츠 과학은 문어발!

달리기에서 항상 1등만 하는 최고속 군에게 비법을 물었더니 "스포츠 과학 덕분이지!"라고 대답
하지만 동아초등학교 학생 75%가 스포츠와 과학의 연관성 찾지 못해······
"스포츠 과학이 뭐야?"라고 묻는 학생이 대다수

기획 인터뷰 한국스포츠정책과학원을 방문하

한국스포츠정책과학원은 어떤 일을 하는 곳일까?
스포츠 과학과 어떤 관련이 있을까?
호기심을 풀기 위해 한국스포츠정책과학원에 직접 찾

톡톡 통신

기획 기사 스포츠 과학은 문어발!

국가 대표 선수들은 국제 경기에서 좋은 성적을 얻기 위해 끊임없이 훈련한다. 기술과 체력 못지않게 강한 정신력을 키우는 것 역시 중요하다. 2004년 아테네 올림픽의 한국 여자 핸드볼 대표 팀이나 2002년 한·일 월드컵 대표 팀의 경우 경기가 치러지기 전에는 누가 봐도 전력 경기를 할 수 있는 능력이 상대 팀보다 떨어졌다. 하지만 우리나라 선수들은 강한 정신력으로 실력 차를 극복하고 승리를 이끌어 냈다.

2002년 한·일 월드컵 당시 시청 앞에 모인 사람들. 이렇게 모인 전국의 붉은 인파는 5백만 명이 훌쩍 넘었다.

스포츠와 과학은 따로따로가 아니야!

봄 호

요즘은 정신력뿐만 아니라 어떤 기술을 과학적으로 어떻게 사용하느냐가 경기 결과에 큰 영향을 미친다. 최근 김연아나 박태환처럼 우리나라에도 세계적인 선수들이 많이 등장하였다. 물론 선수 개개인의 능력이 가장 중요하지만 그 배경에는 과학이 숨어 있다. 예를 들어, 운동에 필요한 동작들을 과학적으로 분석한 후 잘못되었거나 불필요한 부분을 찾아내어 훈련할 때 적용하면 훨씬 더 좋은 결과를 얻을 수 있다. 뿐만 아니라 신소재를 사용해 새로운 운동복이나 보조 기구 등을 개발하는 일, 심리학을 이용하여 정신력을 강하게 하는 일 등 스포츠에서 과학이 담당하고 있는 역할은 점점 커지고 있다.

스포츠 과학은 이처럼 사람의 몸과 운동 능력, 심리 상태를 주로 다루는 학문이지만, 요즘에는 더 나아가 스포츠 경기에 필요한 장비를 만드는 스포츠 산업, 사회에 끼치는 영향을 연구하는 스포츠 사회학까지 두루두루 포함한다.

skating@dongacho.es.kr
김연하 기자

연하의 똑똑한 노트

스포츠 과학은 무지무지 다양해요!

생체 역학과 운동 역학
운동할 때 작용하는 힘이나 동작에 관해 연구한다.

운동 생리학
운동에 의한 신체 변화나 심장, 폐, 근육 기능 등을 연구한다.

스포츠 사회학
스포츠와 사회가 서로 어떤 영향을 끼치는지 연구한다.

스포츠 의학
선수에게 필요한 영양소, 에너지 대사, 부상의 예방과 처치, 몸 상태 조절, 약물 사용법 등을 연구한다.

스포츠 과학

통계학, 컴퓨터 프로그래밍
다양한 연구 결과들을 체계적으로 계산하고 정리하기 위해 사용한다.

스포츠 심리학
선수들의 심리 상태가 경기에 미치는 영향을 연구한다.

스포츠 산업
경기장 운영, 운동복 개발, 광고 등 스포츠와 관련된 경제 활동을 연구한다.

스포츠와 과학은 따로따로가 아니야!

봄 호

현장 스케치 세계 속 스포츠의 위상

> 봄 운동회를 시작하기 전 차분한 체육 선생님께서 '세계 속 스포츠의 위상'이라는 주제로 연설을 하셨다. 물론 엄청 길고 지루한 연설이었지만 한 번쯤 들어 보면 유익한 내용이었다. 현장감을 살리기 위해 녹음한 그대로 옮겨 적는다.

차분한 체육 선생님

치지직-

하나 둘 셋, 아, 아, 마이크 테스트.
에, 여러분 안녕하십니까.
동아초등학교 체육 교사 차분한입니다.

　여러분도 잘 아시겠지만 저는 명문 한국대학교에서 스포츠 과학을 전공하고 동아초등학교에서 10년째 근무하고 있습니다. 물론 이것 역시 잘 아시겠지만 스포츠에 관해서는 나만한 전문가가 없어요. 그런데 요새 학생들이 운동을 귀찮아해서 문제예요, 문제! 이걸 해결하려면 봄 운동회만이 아니라, 여름 운동회, 가을 운동회, 겨울 운동회 사계절 다 해야 합니다. 어어, 거기 조용히 해, 조용!

톡톡 통신

　스포츠라는 것이 얼마나 중요한지 내가 설명을 해 주겠습니다. 21세기 현대 사회의 특징이 '세계화'라는 건 사회 시간에 배웠을 테지요. 그런데 그 세계화라는 물결 속에 올림픽이나 월드컵과 같은 국제 스포츠 경기가 빠질 수가 없단 말입니다. 국제 경기 덕분에 전 세계인의 마음이 잠시나마 하나로 모아질 수 있어요. 하지만 요즘 스포츠의 위상은 경제 및 산업적인 면에서 더 중요하지요. 일단 개최국은 중계방송_{방송국 이외의 장소에서 보내는 방송}이나 광고로 돈을 엄청나게 벌어들여요. 또 대회를 찾는 사람들로 온 도시가 북적북적하니 이만한 산업이 또 없지요.

올림픽이나 월드컵 같은 국제 경기를 통해 스포츠 산업이 활성화된다. 사진은 2008년 베이징에서 열린 올림픽 개막식.

스포츠와 과학은 따로따로가 아니야!

17

봄 호

어른들이 국제 대회를 황금 알을 낳는 닭 아니, 거위라고 말하는 이유를 짐작하겠죠?

스포츠 대회나 선수들을 후원하는 회사를 봐도 그렇습니다. 여러분이 부모님한테 떼를 쓰면서 그렇게 사 달라고 하는 나이X와 아디X스 등이 대표적인 스포츠 용품 회사지요. 뭐라고요? 요즘은 다른 회사가 인기라고요? 흠흠, 어찌 됐든 스포츠 용품 가게에는 항상 유명한 선수들의 사진이 걸려 있어요. 유명 선수들이 경기에서 승리하거나 신기록을 세우면 그 자체만으로도 광고 효과가 어마어마하거든요. 여러분도 유명한 선수들이 착용한 신발이나 옷을 보고 따라 사는 거 아닙니까? 그래서 스포츠 용품 회사들은 신소재를 개발하거나 선수 개개인에게 맞추어 제품을 만드는 일에 많은 시간과 돈, 노력을 쏟아붓고 있어요.

그럼 스포츠 과학은 국가 대표 선수들만을 위한 학문이냐! 거기, 맨 앞에 졸고 있는 학생, 대답해 봐. 질문이 뭔지나 알고 끄덕이는 거야? 에헴, 사람들이 규칙적으로 다양한 운동을 하고 우리도 이렇게 운동회를 하는 이유가 뭐겠어요? 체육 시간에 배구,

스포츠 용품 가게는 유명한 선수나 연예인 사진을 걸어 제품을 홍보한다.

톡톡 통신

농구, 배드민턴 등 다양한 스포츠는 왜 배우고요? 많은 사람들이 평소에 축구, 야구, 등산 등 동호회 활동을 즐기는 것도 같은 이유예요.

운동선수가 아닌 사람들이 왜 스포츠를 즐기는가? 여러 가지 이유가 있지만 가장 큰 이유는 건강일 테지요. 건강이 가장 큰 재산이라는 말도 있지 않습니까? 건강한 몸을 지키기 위해서는 운동이 중요한 역할을 하지요. 하지만 사람들은 그냥 운동을 하기만 하면 다 좋아지는 줄 알아요. 그래서 열심히, 무작정! 그러다 힘만 빠지고 오히려 역효과가 나는 경우가 많습니다. 운동을 할 때 우리 몸이 어떻게 반응하는지, 어떻게 근육을 키울 수 있는지, 운동의 원리가 무엇인지 이해한다면 나에게 맞는 적절한 운동을 찾고 효과도 몇 배로 볼 수 있어요. 예전의 스포츠

과학이 운동선수만을 위한 학문이었다면, 요즘의 스포츠 과학은 일반 사람들이 건강하고 행복한 생활을 할 수 있도록 연구하는 것까지 확대되었어요.

에헴, 이야기가 산으로 가고 있군. 아무튼 다들 그냥 생각 없이 뛰어다니지 말고 어떤 원리가 숨어 있는지, 어떻게 하면 더 좋은 결과를 얻을 수 있을지 생각, 생각을 해 보란 말입니다! 흠흠, 자꾸 빨리 끝내 달라는 눈치가 보여서 원…….

그럼 이 정도에서 마치는 걸로 하지요. 자, 그럼 즐거운 봄 운동회를 즐깁시다!

치지직-

톡톡 통신

기획 인터뷰 한국스포츠정책과학원을 방문하다!

들썩들썩 Q&A

안녕하세요. 우리 삼촌이 한국스포츠정책과학원이라는 곳에 근무하십니다. 이번에 봄 운동회를 하면서 체육 선생님이 '스포츠 과학'에 대해 말씀하셨잖아요? 한국스포츠정책과학원이랑 무슨 관계가 있을 것 같긴 한데……. 어린이 기자단에서 꼭 알려 주셨으면 좋겠습니다!

– 3학년 7반 왕궁금

    동아초등학교 어린이 기자단 앞으로 한 독자가 한국스포츠정책과학원에 대해 알고 싶다는 내용을 담아 엽서를 보냈다. 스포츠 과학과 분명히 관계가 있을 거라고 생각한 기자는 직접 한국스포츠정책과학원을 찾아가 보기로 했다. 엽서를 보낸 왕궁금 군의 삼촌이자 한국스포츠정책과학원에서 근무하시는 최첨단 연구원께서 흔쾌히 인터뷰를 수락해 주셨다. 서울특별시 노원구에 있는 한국스포츠정책과학원은 지하철역과 그다지 멀지 않아서 금방 찾을 수 있었다.

태 한 : 안녕하세요? 조금 늦어서 죄송해요. 저는 동아초등학교 어린이 기자 박태한이라고 합니다.

연구원 : 예, 안녕하세요. 먼 곳까지 찾아오느라고 힘들었지요? 그런데 옷

봄 호

이 참 멋지네요.

태 한: 헤헤, 감사합니다. 한 번쯤은 꼭 와 보고 싶었어요. 바쁘실 텐데 시간을 내주셔서 감사합니다.

연구원: 별 말씀을요. 미래의 꿈나무인 여러분이 궁금하다는데 제가 아는 것은 무엇이든지 설명해 드려야지요.

연구원님은 인자해 보이는 인상만큼 오렌지 주스와 맛있는 간식까지 챙겨 주셨다. 그리고 마음 편하게 질문을 하라고 말씀하셨다. 덕분에 밝은 분위기 속에서 인터뷰를 진행할 수 있었다.

태 한: 그럼 첫 번째 질문부터 드릴게요. 한국스포츠정책과학원은 어떤 곳이고 정확히 무슨 일을 하나요?

연구원: 간단히 말해서 한국스포츠정책과학원은 우리나라의 대표적인 전문 체육 연구 기관이에요.

태 한: 아, 그럼 제 예상대로 스포츠 과학과 관련이 있는 곳인가요?

연구원: 물론이지요. 바로 스포츠 과학을 연구하는 곳이랍니다. 여기에서는 체육에 관련된 정책이나 운동선수들의 경기력 향상 방법 등을 연구하고 개발하는 일을 해요. 또한 스포츠 관련 산업이 발전하는 데 도움을 주고, 체육 지도자들을 교육하고 지원하는 등의 일도 함께 하지요.

태 한: 국가대표 선수들도 이곳을 많이 찾아오지 않나요? 뉴스를 보면 한국스포츠정책과학원에서 훈련을 받는 선수들이 나오던데…….

연구원: 잘 보셨네요. 저희 과학원에서는 올림픽이나 월드컵 같은 국제 경기가 열리기 전에 우리나라 팀의 예전 경기 내용을 분석합니다. 선수들의 장점과 단점을 어떻게 경기에 적용할 것인지, 어떤 훈련이 더 효과적인지 알기 위해서지요. 그리고 운동선수의 체형뼈나 근육 등을 이루는 몸의 모양새이나 특징 등을 분석하여 맞춤형 훈련 방법도 제공해요.

태 한: 와, 보이지 않는 곳에서 이렇게 중요한 역할을 하고 계셨다니…….

서울특별시 노원구에 위치한 국민체육진흥공단 한국스포츠정책과학원

정말 감동적이에요!

연구원: 하하하!

태한: 그럼 한국스포츠정책과학원은 언제 세워진 건가요?

연구원: 1980년에 국가대표 선수들이 모여서 훈련을 하는 태릉선수촌에 스포츠과학연구소가 설립되었어요. 그게 바로 지금의 한국스포츠정책과학원이지요.

태한: 우리나라에 스포츠 과학이 시작된 지는 얼마 되지 않았나 봐요.

연구원: 네, 맞아요. 우리나라 스포츠 과학을 설명하기 전에 스포츠 과학의 역사를 간단히 말해야 할 것 같아요. 스포츠를 과학적으로 연구하려는 움직임은 19세기 말에서 20세기 초쯤에 시작되었어요. 하지만 지금 말하는 스포츠 과학과는 조금 달랐지요. 당시에는 개개인의 건강과 체력을 관리하거나 운동할 때 당할 수 있는 부상과 그 예방법 등에 대해서 연구했어요. 다시 말해 주로 사람의 몸과 관련된 연구를 했다고 보면 된답니다.

태한: 지금도 그렇지 않나요?

연구원: 네, 그래요. 하지만 지금의 스포츠 과학은 좀 더 넓은 분야를 포함하고 있지요. 예를 들어 한국스포츠정책과학원에서는 선수들의 몸과 건강뿐만 아니라 정신 건강이나 경기 중에 나타날 수 있

는 심리 현상 등도 함께 연구해요.

태 한 : 아, 그렇군요. 하지만 저는 아직 스포츠 과학이라는 말이 그렇게 익숙하지 않아요.

연구원 : 우리나라 스포츠 과학의 역사가 외국에 비해서 짧은 편이니 당연해요. 1960년대에 처음으로 대학교 연구소가 세워졌거든요. 하지만 그때부터 지금까지 짧은 시간 동안 매우 빠르게 발전했어요. 요즘은 대학교에서 '스포츠 과학'이라는 과목을 가르치기도 하니까요.

태 한 : 한국스포츠정책과학원은 국가대표 선수들만을 위한 연구소인가요?

연구원 : 물론 아니에요. 운동선수뿐만 아니라 국민의 건강을 위한 생활

미국 콜로라도 스프링스에 위치한 스포츠과학연구소

스포츠 연구도 꾸준히 하고 있어요. 체육 지도자를 길러 내거나 운동을 할 수 있는 환경을 만드는 등 스포츠 산업을 발전시키기 위한 연구도 하고 있지요. 저희의 목표는 모든 사람들이 운동을 통해 즐겁고 건강하고 행복하게 살 수 있도록 하는 거예요.

태 한: 외국에서도 스포츠 과학이 중요한가요?

연구원: 그럼요. 유럽의 경우에는 대학교와 연구소 이외에도 운동 용품을 만드는 회사들이 스포츠 과학에 큰 관심을 보여요. 실제로 스포츠 과학을 적용한 신제품을 만들어 큰 성공을 거둔 경우도 종종 있지요. 새로운 소재를 개발해 운동복이나 운동화에 사용하고, 거기에 경기 능력을 높이는 데 도움을 주는 모양까지 새로 개발하였어요. 그 결과 놀라운 신기록을 만들어 내기도 했답니다. 우리나라도 점점 스포츠 산업이나 스포츠 용품에 대한 관심이 높아지고 있어요.

기자는 연구원 님의 설명을 열심히 받아 적다가 문득 신고 있던 운동화를 내려다보았다.

'이것도 몇 년에 걸쳐서 만들어진 소재와 디자인이겠구나!'

이런 생각을 하자 오래 신어서 흙먼지가 잔뜩 묻은 운동화가 갑자기 평범하게 보이지 않았다.

태 한: 우리나라도 좀 더 많은 곳에서 스포츠 과학을 연구해 발전시키면 좋겠네요. 이 인터뷰를 통해 체육과학연구원이 우리나라 스포츠 과학의 발전을 위해 아주 중요한 역할을 한다는 사실을 알게 되었어요.

연구원: 다행이에요. 또 궁금한 것이 있으면 언제든지 연락 주세요.

태 한: 감사합니다. 참! 기념으로 함께 사진 촬영을 해도 될까요?

연구원: 물론이지요.

태 한: 하나, 두울, 셋, 김치!

swimming@dongacho.es.kr
박태한 기자

스포츠와 광고

스포츠는 우리 생활과 아주 밀접하게 연관되어 있다. 직접 운동을 하는 사람들뿐만 아니라 텔레비전으로 운동 경기를 보는 사람들 또한 늘어나고 있다. 올림픽이나 월드컵, 유로 축구처럼 전 세계 사람들의 관심을 끄는 경기는 그 규모 또한 엄청나다. 2008년 베이징 올림픽의 개막식은 전 세계 3분의 1 이상의 사람들이 시청했고, 월드컵 결승전은 전 세계적으로 약 20억 명의 사람들이 보는 것으로 알려져 있다.

이렇게 스포츠의 인기가 높아지면서 스포츠와 관련된 소비도 함께 늘어나고 있다. 다양한 신제품들이 쉴 새 없이 나오고 사람들은 저마다 마음에 드는 물건을 사기 바쁘다. 뿐만 아니라 스포츠는 텔레비전, 의류, 광고, 주식 등 여러 분야에도 많은 영향을 끼친다. 스포츠는 어떤 분야보다 사람들의 노력과 땀, 인내, 의지 등이 강조된다. 그만큼 사람들에게 재미와 감동을 함께 줄 수 있기 때문에 그 파급 효과 _{어떤 일의 영향이 성공}

축구장이나 야구장에 가면 기업이나 상품 이름이 눈에 들어온다.

적으로 퍼져나가는 결과 또한 크다. 따라서 기업들은 스포츠를 활용하여 좋은 이미지를 만들어 낼 뿐만 아니라 브랜드와 상품의 가치를 높일 수 있는 기회로 삼는다.

야구나 축구 경기를 보다 보면 종종 기업이나 상품의 이름들을 함께 볼 수 있다. 많은 기업들이 여러 스포츠 팀과 국제 경기를 후원하고 있는데, 예를 들어 삼성은 영국 프리미어 리그 축구팀인 '첼시'를 2005년부터 2015년까지 후원했고, LG는 2007년부터 3년간 '풀럼'을 후원했다. 2002년 한·일 월드컵의 공식 후원사는 KTF(현, KT)였다. 또한 현대는 2006년부터 국제 축구 연맹(FIFA) 월드컵의 공식 후원사로 활동하고 있다. 현대는 2006년 독일 월드컵에서만 약 7조 원의 홍보 효과를 거두었다.

요즘은 유명 배우나 가수 대신 손흥민, 류현진, 이강인, 김연아 등 유명 운동선수가 등장하는 광고가 많아졌다. 그 분야 또한 스포츠 용품, 우유, 화장품, 에어컨, 휴대 전화, 자동차 등 매우 다양하다. 선수들은 광고를 통해 자신을 알리고 더 좋은 환경에서 훈련할 수 있도록 도움도 받는다.

그런데 인기가 높은 종목과 선수에게는 광고나 후원이 넘치지만, 반대로 인기가 없는 종목은 별다른 지원을 받지 못한다. 시간이 지날수록 그 차이는 확연히 커지고 있다. 예를 들어, 유명한 선수가 출전하는 대회에는 몇 억 원이 들더라도 광고를 하기 위해 여러 회사가 경쟁한다. 하지만 인기가 없거나 성적이 좋지 못한 종목들은 후원이 끊겨 선수들이 운동을 계속하기 힘든 경우도 많다. 특히 우리나라의 핸드볼 팀이나 스키 점프 선수들은 지원을 받지 못해 팀이 없어지기도 하고, 장비나 시설 등이 매우 열악하여 제대로 된 훈련조차 받을 수 없다.

기업의 후원과 광고 덕분에 스포츠는 그만큼 발전하고 화려해졌다. 또한 기업 역시 이미지와 판매량 면에서 많은 이득을 얻었다. 하지만 특정한 스포츠에만 집중하다 보니 여러 종목들이 골고루 발전할 수 있는 기회가 줄어든 것 또한 사실이다. 기업과 관중들이 지금보다 조금 더 다양한 종목에 관심을 보이고 지원한다면 우리나라 스포츠가 전 세계 사람들에게 더욱 빨리 다가갈 수 있지 않을까?

우리나라에서 열린 국제 경기

2018년 동계 올림픽 개최국이 우리나라로 결정되었을 때 온 국민이 환호성을 질렀어요. 왜 다들 올림픽이나 월드컵 같은 국제 경기를 자기 나라에서 열고 싶어 할까요? 그것은 국제 경기를 열면 스포츠 산업이나 관광으로 수입이 늘어나고 자기 나라의 전통과 문화를 세계 곳곳에 알릴 수 있기 때문이에요. 그럼 지금까지 우리나라에서 열린 국제 경기를 알아볼까요?

제17회 인천 아시아 경기 대회
개최도시 인천
기간 2014년 9월 19일~10월 4일
45개국 13,000여 명의 선수들이 36개 종목에 참가해 16일간 경기를 펼쳤어요.

제10회 서울 아시아 경기 대회
개최도시 서울
기간 1986년 9월 20일~10월 5일
규모 27개국 4,839명의 선수 참가
순위 1위 중국, 2위 대한민국, 3위 일본
이 대회는 2년 뒤에 열릴 제24회 서울 올림픽 대회를 성공적으로 개최하는 데 밑거름이 되었어요.

개막식 장면

제24회 서울 하계 올림픽
개최도시 서울 및 주요 도시
기간 1988년 9월 17일~10월 2일
규모 159개국 8,465명의 선수 참가
순위 1위 소련, 2위 동독, 3위 미국 (4위 대한민국)
한국의 문화와 전통을 널리 알리는 계기가 되었어요. 이로써 한국은 아시아에서 2번째, 세계에서는 16번째로 올림픽 개최국이 되었지요.

개막식 장면

제14회 부산 아시아 경기 대회
개최도시 부산
기간 2002년 9월 29일~10월 14일
규모 44개국 10,000여 명의 선수 참가
순위 1위 중국, 2위 대한민국, 3위 일본
아시아 경기 대회 역사상 2번째로 수도가 아닌 지방 도시에서 열렸어요. 한국은 지금까지 참가한 아시아 경기 대회 중 가장 많은 금메달(96개)을 땄어요.

폐막식 장면

제4회 용평 동계 아시아 경기 대회

용평 스키장 모습

개최도시 강릉, 춘천, 용평
기간 1999년 1월 30일~2월 6일
규모 21개국, 799명의 선수 참가
순위 1위 중국, 2위 대한민국, 3위 카자흐스탄

동계 아시아 경기 대회 역사상 가장 큰 규모였어요. 1977년 외환 위기를 극복하고 성공적인 개최를 일궈냈으며 그 경험이 평창 동계 올림픽 성공의 디딤돌이 되었어요.

용평

제23회 평창 동계 올림픽

평창 동계 올림픽 개막식

개최도시 평창
기간 2018년 2월 9일~25일
규모 92개국, 2920명의 선수 참가
순위 1위 노르웨이, 2위 독일, 3위 캐나다

동계 올림픽 사상 최다국이 참가해 100만여 명의 관중을 맞이했어요. 한국은 17개의 메달을 따 동계 스포츠 발전의 계기를 마련했죠. 국제올림픽위원회(IOC)가 발표한 설문 조사에 따르면 외국인 응답자의 65%와 한국인 응답자 75%가 평창 올림픽이 성공적이었다고 평가했다고 해요.

평창

제13회 대구 세계 육상 선수권 대회

대구 스타디움 경기장

개최도시 대구
기간 2011년 8월 27일~9월 4일
규모 202개국 6,000여 명의 선수 참가

우리나라는 한 개의 메달도 따지 못해 스웨덴(1995)과 캐나다(2001년)에 이어서 3번째로 '노메달 개최국'이 되었어요.

대구

제17회 FIFA 대한민국 · 일본 월드컵

개최국가 대한민국, 일본
기간 2002년 5월 31일~6월 30일
규모 32개국 2,705,197명의 관중
순위 1위 브라질, 2위 독일, 3위 터키 (4위 대한민국)

월드컵 역사상 처음으로 두 나라가 공동으로 개최했어요. 유럽과 아메리카 이외의 다른 대륙에서 개최된 첫 번째 월드컵이었지요. 대한민국 축구 대표팀은 4강까지 올라 세계를 놀라게 했어요.

대한민국과 독일의 4강전이 열린 서울 월드컵 경기장

부산

 ## 스포츠 과학은 어떤 일을 할까?

스포츠 과학은 다양한 분야에 영향을 미치고 있어요. 우리가 흔히 생각하는 운동선수의 몸과 운동 능력뿐만이 아니라 스포츠 산업이나 심리학 등 스포츠 과학이 담당하는 역할은 점점 커지고 있답니다. 본문 속에서 스포츠 과학의 역할을 찾아 짝을 지어 봅시다.

스포츠 의학 ❶	ㄱ	운동에 의한 신체 변화나 심장, 폐, 근육 기능 등을 연구해요.
스포츠 산업 ❷	ㄴ	스포츠와 사회가 서로 어떤 영향을 끼치는지 연구해요.
스포츠 심리학 ❸	ㄷ	선수에게 필요한 영양소, 에너지 대사 그리고 부상의 예방과 처치, 약물 등을 연구해요.
스포츠 생리학 ❹	ㄹ	신소재를 개발하거나 선수 개개인에게 맞는 제품을 연구하고 상품으로 만들어 팔아요.
스포츠 사회학 ❺	ㅁ	선수들의 심리 상태가 경기에 미치는 영향을 연구해요.

정답 ❶-ㄷ, ❷-ㄹ, ❸-ㅁ, ❹-ㄱ, ❺-ㄴ

여름 호

프로 선수는 몸부터 달라!

여름 호

별난 기자단의 톡톡 통신

기획 기사

왜 운동선수는 우리와 몸이 다를까?

전국소년체육대회 메달 획득! 우리 선수단 금의환향!
종목마다 유리한 체형이 있다?
맞춤 체형에 숨어 있는 놀라운 과학적 사실!

쏙쏙 정보 코너

경기 흐름을 잡는 눈의 힘

매의 눈으로 경기를 치른다?
공을 제대로 치고 싶다면 빠른 공에서 눈을 떼라!

기획 인터뷰

몸속에 숨어 있는 지렛대의 원리

단거리 달리기에서 가장 중요한 건 바
출발 속력!
출발 자세 속 숨겨진 스포츠 과학

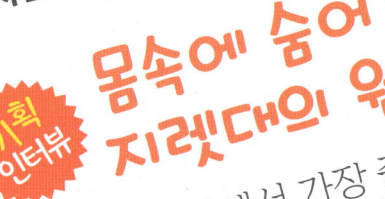

기획 기사 왜 운동선수는 우리와 몸이 다를까?

　동아초등학교에 경사가 겹쳤다. 스포츠 과학 특집 기사를 다룬 지난 봄 호가 어린이 신문 대회 특별상을 수상한 데 이어 전국소년체육대회에 출전한 우리 선수들이 메달을 획득한 것이다. 지난 목요일 우리 선수단은 색색의 메달을 목에 걸고 당당히 학교로 돌아왔다. 기자는 자랑스러운 선수들을 만나 인터뷰를 하기 위해 교내 체육관으로 직접 찾아가 보았다.

　학생들은 힘든 경기를 마치고 돌아온 사람들 같지 않게 여전히 땀을

자랑스러운 동아초등학교 선수들
제10회 전국소년체육대회 수상자

높이뛰기 금메달
4학년 2반 김하늘

100m 달리기 은메달
4학년 3반 최고속

마라톤 금메달
4학년 4반 이봉수

역도 동메달
3학년 6반 이꽃님

쏟으며 열심히 훈련 중이었다. 기자는 훈련이 끝나기를 기다리며 한쪽에 서서 그들을 관찰했다. 그런데 한 가지 특이한 점을 발견할 수 있었다. 자세히 살펴보니 선수들의 체형이 모두 제각각이었다. 기자는 문득 '운동 종목과 선수의 체형은 어떤 관련이 있는 것이 아닐까?'라는 호기심이 생겼다. 기자는 인터뷰를 하기 전 궁금증을 해결하기로 마음먹고 스포츠 과학을 전공한 차분한 체육 선생님을 찾아갔다.

체육 선생님은 자리에 앉아 졸고 있었다. 하지만 기자가 스포츠 과학이라는 말을 꺼내자마자 눈을 반짝반짝 빛내며 신 나게 설명했다.

"흠흠, 운동선수들의 체형이 어떤지는 쉽게 구별할 수 있어. 신문이

톡톡 통신

나 텔레비전, 인터넷 등으로 원한다면 언제든지 운동선수의 모습을 볼 수 있거든. 운동에 관심이 있는 사람이라면 누구나 포환던지기 선수, 높이뛰기 선수, 역도 선수의 몸집이 어떤지 알 수 있지. 그런데 여기서 드는 궁금증 하나! 왜 운동선수들의 체형은 종목에 따라 다 다를까? 그 이유를 과학적으로 설명할 수 있을까? 이게 궁금하다는 거지? 에헴, 그렇다면 바로 잘 찾아왔어. 나 말고 자세히 설명할 수 있는 사람도 별로 없거든! 하하하!"

그 뒤로도 선생님은 한참이나 자기의 학창 시절 이야기를 한 뒤 비로소 궁금증을 해결해 주기 시작했다. 선생님은 먼저 근육에 대해 알아볼 필요가 있다고 말했다. 근육은 동물이 한 장소에서 다른 장소로 이동하기 위한 기본 단위이다. 근육이 있어야만 동물은 움직일 수 있다. 그리고 많은 근육이 한꺼번에 움직일수록 더 큰 힘을 낼 수 있다. 즉, 크고 힘센 근육을 가진 사람일수록 훨씬 더 큰 힘을 낼 수 있다.

하지만 근육이 크고 많다고 해서 좋기만 한 것은 아니다. 왜냐하면 그 만큼의 무게를 지고 움직여야 하는 부담이 생기기 때문이다. 체육 선생님은 이렇게 말했다.

"바로 이 부분! 얼른 받아 적어. 힘과 스피드를 맞바꿔야 한다!"

보통 속도가 빠르면 힘이 약하고, 반대로 힘이 세다면 속도는 느린 경우가 많다. 바로 힘과 스피드 두 조건이 양 끝에서 출발해 적당한 지점에서 서로 만났을 때 각 운동 종목에 적합한 체형이 결정되는 것이다. 예를 들어 다람쥐는 몸집이 작아서 사람이 낼 수 있는 힘의 수십 아니 수백 분의 일도 내지 못한다. 하지만 다람쥐는 순식간에 나무를 오를 수 있을 정도로 날쌔다. 반면에 사람은 산을 뛰어오를 때 금방 숨이 차고 힘들어 한다. 이것은 몸집에 따라 사용하는 근육과 그 움직임이 달라지기 때문이다.

체형의 차이는 육상 경기에서 매우 두드러지게 나타난다. 지금까지의 통계를 보면 올림픽에서 결승전에 오른 높이뛰기 선수는 멀리뛰기 선수보다 키가 약 6.3cm 정도 더 컸다. 7개의 달리기 종목 결승전에 오른 174명의 선수들을 분석한 결과 3,000m 이상의 장거리 선수가 단거리 선수보다 약 6cm 더 작았고 몸무게는 5kg 정도 더 가벼웠다고 한다. 또한 마라톤 선수는 100m 달리기 선수보다 약 7kg 이상 가벼웠다. 즉, 종목마다 최고의 능력을 발휘 재능이나 능력을 나타냄할 수 있는 가장 적절한 체형이 따로 있는 것이다.

톡톡 통신

반면에 역도는 키가 작을수록 유리하다. 굳이 무거운 역기를 더 높이 들어 올릴 필요가 없기 때문이다. 다리와 팔이 짧다면 더욱 좋다. 그럼 피겨스케이팅은 어떨까? 역도와 마찬가지로 짧은 다리가 유리하다. 정확히 말하면 종아리가 짧을수록 피겨스케이팅을 하는 데 좋다. 몸무게를 지탱하는 힘이 아래쪽에 있어야 다양한 기술을 안정적으로 자유롭게 사용할 수 있기 때문이다. 그럼에도 불구하고 피겨스케이팅 선수들이 실제 체형보다 다리가 더 길어 보이는 이유는 스케이트의 높이와 옷 때문이다. 이와 반대로 높이뛰기 선수처럼 다리가 길어야 유리한 운동 종목도 있다. 높이뛰기 선수의 긴 다리는 빠른 속도로 도움닫기를 하고 조금이라도 더 높이 몸을 띄울 수 있도록 도와준다.

오스트레일리아의 케빈 노튼과 팀 올즈라는 학자는 운동선수들의 체형이 어떻게 변했는가를 연구했다. 두 사람은 지난 100여 년간 프로 스포츠, 세계 챔피언십 그리고 올림픽에 참가한 22종목 선수들의 자료를 수집해 체형을 조사했다.

그 결과 커다란 몸집이 필요한 종목일수록 선

프로 선수는 몸부터 달라!

39

수들의 체형은 점점 더 커졌고, 반대로 작은 몸집이 유리한 종목일 경우 선수들은 점점 더 작아졌다는 사실을 발견했다. 예를 들어 지난 100년간의 기록에 따르면 장거리 선수의 몸집은 시간이 흐를수록 더욱 가벼워졌다. 즉, 어떤 신기록이 탄생하면 그 기록을 넘어서기 위해 선수들의 체형이 변화한다는 것이다. 이러한 변화는 육상뿐만 아니라 모든 종목에서 나타난다.

하지만 단순히 세계 기록만을 위해 체형이 결정되고 바뀌는 것은 아니다. 상대방과 승부를 겨룰 때 더 유리한 입장을 찾아 그에 맞게 변화하는 것이다. 예를 들어, 미식축구의 라인맨^{맨 앞에서 상대 팀의 수비 선수를 온몸으로 막아 자기편의 공격을 돕는 선수}의 경우 20년 전만 하더라도 110kg 정도는 나가야 큰 체구라고 생각했다. 하지만 이제는 160kg 정도는 넘어야 큰 체구를 가진 선수라고 인정한다. 1920년대의 라인맨들은 평균적으로 키가 181cm, 몸무게가 90kg 정도였지만, 1990년대 이후로는 평균 193cm에 137kg 정도가 되었다.

미식축구는 미국에서 가장 인기 있는 스포츠이다. 매우 거친 운동이기 때문에 헬멧을 꼭 쓰고 어깨, 가슴, 무릎 등에 보호대를 착용해야 한다.

몸집이 작은 선수도 마찬가지이다. 예를 들어, 여자 체조 선수들은 작고 가벼울수록 좋은 성적을 낼 가능성이 높다. 지난 30년간의 국제 경기를 분석한 결과, 1976년 여자 체조 선수들의 평균 키는 160cm, 평균 몸무게는

여자 체조 선수는 몸집이 작고 가벼울수록 유리하다.

47.7kg이었다. 그런데 1992년에는 평균 145cm, 40kg으로 줄어들었다. 선수들의 나이 역시 마찬가지이다. 1964년에 22.7세였던 평균 연령은 1987년이 되자 16.5세로 낮아졌다.

과연 운동선수는 타고나는 것일까, 아니면 노력으로도 얼마든지 좋은 결과를 낼 수 있는 것일까? 물론 재능을 가지고 태어나는 사람이 있기는 하지만, 천재라고 불리는 운동선수들도 알고 보면 끊임없는 노력이 뒷받침되었기 때문에 좋은 결과를 낼 수 있었다. 그리고 특정 종목에 맞는 적절한 몸집을 가졌다면 다른 사람들보다 더 빨리 좋은 결과를 얻을 수 있는 것 또한 사실이다.

swimming@dongacho.es.kr
박태한 기자

여름 호

쏙쏙 정보코너 경기 흐름을 잡는 눈의 힘!

축구 경기에서 자기편 선수가 골을 터뜨리면 누구나 환호성을 지른다. 하지만 사람들의 감탄을 자아내게 만드는 또 다른 재미는 바로 패스<u>선수들끼리 공을 주고받는 것</u>이다. 커다란 운동장에서 모든 선수들의 위치를 파악한 뒤 비어 있는 공간을 이용해 자기편 선수에게 공을 정확하게 패스하는 모습을 보면 신기할 정도로 놀랍다. 마치 뒤에도 눈이 달려 있는 것 같다.

그렇다면 스포츠와 시각 능력은 어떤 관계가 있을까? 기자는 궁금증을 해결하기 위해 동아초등학교 도서관을 찾아 공부를 하기로 했다. 사서 선생님의 도움을 받아 스포츠 과학 관련 책을 꺼내 자료를 찾기 시작했다.

책에 따르면 사람은 눈, 귀, 코, 피부, 혀와 같은 다양한 감각 기관을 가지고 있다고 한다. 우리는 감각 기관을 사용해 수많은 것을 보고 느끼고 경험한다. 이 가운데 가장 큰 역할을 하는 기관이 바로 눈이다. 우리가 여러 감각 기관을 이용해서 바깥세상에 대한 정보를 얻을 때 눈이 하는 역할은 전체 감각 기관의 87%에 달한다고 한다.

최근 몇 년간 많은 사람들이 시력을 좋게 만드는 시력 교정 수술을 받고 있다. 처음에 교정 수술이 등장했을 때 사람들은 좀 더 예쁘고 멋

★ 재성이의 운동왕 노트

인간의 감각 기관

눈(시각)
빛을 받아들여 물체의 모양, 색깔, 위치 등을 구별하는 역할을 한다.

코(후각)
주변의 냄새를 맡고, 숨을 쉴 때 공기가 드나드는 통로 역할도 한다.

혀(미각)
단맛, 짠맛, 신맛, 쓴맛을 느낀다.

귀(청각)
우리 주변에서 일어나는 소리를 듣고, 몸의 균형을 잡아 준다.

피부(촉각)
온도, 압력, 촉감, 통증 등 바깥에서 오는 자극을 받아들인다. 날씨가 더우면 땀을 내어 열을 몸 밖으로 내보내고, 추울 때는 피부의 털을 이용해 열이 몸 밖으로 나가는 것을 막아 몸의 온도를 조절한다.

사진 제공: 박재성 기자 어머니

여름 호

야구공의 속도는 시속 백 킬로미터가 넘기 때문에 공을 계속 바라보기보다는 공이 어디로 날아올 것인가 예상하여 받아 쳐야 한다.

있게 보이기 위해서 또는 편리한 일상생활을 위해서 수술을 받았다. 하지만 2000년대로 들어서면서 운동선수들은 경기력 향상을 위해, 일반 사람들은 레저나 운동과 같은 취미 생활을 즐기기 위해 시력 교정 수술을 받는 경우가 많아졌다.

스포츠에서는 눈과 시력이 매우 중요하다. 양궁이나 사격 선수는 과녁의 한가운데를 뚫기 위해 눈으로 정확히 조준화살이나 총알 등이 목표를 맞추도록 활이나 총 등을 겨냥함해야 한다. 야구에서 타자는 빠르게 날아오는 공을 치기 위해 눈을 부릅뜨고 쳐다봐야 하며, 축구 선수는 초록색 운동장을 마음껏 누비기 위해서 남들보다 시야가 넓어야 한다. 세계적인 안과 학회지인 《안과학저널》에서는 메이저리그 야구 선수들의 시력과 운동 성적을 비교 분석한 결과를 발표했다. 그 연구에 따르면 선수들의 시력이 좋을수록 경기 결과는 좋게 나타났다.

그러면 운동선수는 원래 보통 사람에 비해 눈으로 보는 능력이 뛰어날까?

톡톡 통신

　기자가 처음 테니스를 배웠을 때 테니스 선생님께서는 항상 '공에서 눈을 떼지 말라'고 귀가 따갑게 말씀하셨다. 대부분의 구기 종목^{공을 사용하는 운동 경기}에서 코치나 감독이 흔히 하는 말이기도 하다. 공이 느리거나 크기가 작지 않다면 틀린 말은 아니다.

　하지만 야구공처럼 아주 빠르게 움직이는 작은 공의 경우 꼭 그렇지만도 않다. 공의 속도가 빠를 경우 사람의 눈은 그 움직임을 제대로 쫓

  재성이의 운동왕 노트

준비…… 출발! 승패를 좌우하는 반응 시간

반응 시간이란 총소리가 난 순간부터 선수의 몸이 움직이기 시작하는 순간까지의 시간을 말한다. 사람의 반응 시간에는 몇 가지 특징이 있다.

첫째, 반응 시간은 인간이 극복할 수 없다. 누구나 눈이나 귀로 신호를 받아들이고 난 뒤 움직이기까지 일정한 시간이 필요하다.

둘째, 사람의 반응 시간은 항상 일정할까? 만일 어떤 사람의 평균 반응 시간이 0.2초라고 한다면 몸의 상태에 따라 0.1초 또는 0.3초가 모두 나올 수 있다. 즉, 운동선수가 아무리 평균 반응 시간이 짧다고 해도 상황에 따라 어느 정도 차이를 보일 수 있다는 이야기이다.

달리기를 할 때 너무 일찍 몸을 움직이면 무효나 실격 처리가 된다. 하지만 조금이라도 늦게 움직이면 100분의 1초를 다투는 경기이니만큼 당연히 뒤처진다. 보통 한 가지 운동을 집중적으로 훈련 받은 사람은 그 운동에서만큼은 빠르게 반응하는 것으로 알려져 있다. 마치 축구에서 뛰어난 스트라이커가 골대 앞에서 순간의 발놀림으로 공의 방향을 바꿔 골을 넣는 것처럼 말이다.

아갈 수 없다. 우리가 바라보는 동안 물체가 움직인다면, 눈동자 역시 정확하게 초점눈이 사물을 가장 똑똑하게 볼 수 있는 지점을 맞추기 위해 계속 움직인다. 즉, 공을 똑바로 바라보지 못하고 눈동자가 흔들리는 것이다. 그래서 타자는 공을 처음부터 끝까지 계속 쳐다보는 것이 아니라, 공이 지나갈 것이라고 예상되는 길목쯤에 눈의 초점을 맞추고 기다린다. 타자가 눈의 초점을 빨리 옮길수록 더 확실하게 공을 맞힐 수 있다. 빠른 공을 잘 친다는 말은 눈의 초점을 어디에 둘 것인가를 배우는 과정이다. 흔히 운동선수들이 '감각을 익힌다'라고 표현하기도 한다.

그러나 스포츠는 빠른 물체에 잘 적응하는 것뿐만 아니라 상대적으로 속도가 느린 상대에도 익숙해져야 한다. 또한 상대방의 움직임을 빠

톡톡 통신

르게 잡아내고 그에 맞춰 어떻게 움직여야 할지 결정하는 일도 중요하다. 그래서 운동선수들은 눈의 능력을 키우는 훈련을 따로 하기도 한다.

사람의 눈은 지금보다 훨씬 더 발달할 가능성이 높기 때문에 운동선수를 대

골키퍼 역시 골을 막기 위해서 정확한 순간 판단력과 순발력이 필요하다. 상대방 선수가 공을 차고 나서 몸을 날리면 이미 늦어 버리기 때문이다.

상으로 눈에 대한 연구가 많이 이루어진다. 특히 축구 선수를 대상으로 한 경우가 많은데, 넓은 운동장에서 사람이나 공의 속도와 거리 등을 정확하게 파악어떤 대상을 확실히 이해함해야 하는 경기의 특성 때문이다.

시야가 넓은 축구 선수는 다른 선수가 공을 찬 후 땅에 떨어지기 전에 미리 어디로 어떻게 날아갈 것인가를 예상할 수 있다. 심지어 공을 차기 직전에 이미 그 방향을 알아낸다고도 한다. 뿐만 아니라 실력 있는 선수는 경기를 하면서 상대방 선수의 움직임을 끊임없이 분석한다. 이것은 경기의 패턴을 잘 이해해야만 가능한 일이다. 예를 들어 경험이 많은 선수일수록 상대를 바라보는 시간이 다른 사람보다 약 20%나 짧다고 한다. 즉, 짧은 시간 안에 남들보다 더 많은 것을 보면서 구체적인

프로 선수는 몸부터 달라!

상황까지 파악할 수 있다는 뜻이다. 이렇게 보면 훌륭한 선수가 된다는 건 절대 쉬운 일이 아닌 것 같다. 후유…… 공부도 마찬가지이겠지만.

soccer@dongacho.es.kr
박재성 기자

★ 재성이의 운동왕 노트

주로 사용하는 눈이 따로 있다

프로 선수의 눈은 보통 사람의 눈과 어떻게 다를까?
우선 운동선수들은 평균 시력이 좋고 시야가 넓다. 따라서 일반 사람들보다 더 넓은 영역을 살펴보고, 동시에 움직이는 물체도 더욱 잘 볼 수 있다. 뿐만 아니라 깊이나 거리를 더 정확하게 측정하고 눈동자도 움직임에 잘 적응한다. 한마디로 운동선수들은 눈으로 물체를 파악하는 능력이 보통 사람보다 우수하고, 이러한 능력은 훈련으로 더 발전시킬 수 있다.
한편 눈에는 '주시'라는 또 다른 특성이 있다. 사람이 사물을 볼 때 두 눈으로 보는 것 같지만, 사실은 한 눈이 중심이 되고 다른 눈은 도와주는 역할을 한다. 이 때 중심 기능을 담당하는 눈이 바로 '주시'이다. 왼발잡이와 오른발잡이가 있듯이 왼쪽 눈 주시와 오른쪽 눈 주시가 있다. 일반적으로 전체의 82%에 해당하는 사람들이 주로 사용하는 손발과 주시가 같은 쪽이고, 나머지 18% 정도만이 서로 다르다고 한다.

톡톡 통신

기획 인터뷰 몸속에 숨어 있는 지렛대의 원리

> 47-39-51. 키 170cm에 몸무게 118kg인 '여자 헤라클레스' 장미란의 신체 사이즈이다. 베이징 올림픽에서 금메달을 노리는 장미란은 국가대표 여자 선수 가운데 가장 큰 체구를 자랑하지만 최중량급(+75kg) 역도 선수치고는 가벼운 편이다. 그의 라이벌인 중국의 무솽솽은 무려 140kg이나 나간다. 국제역도연맹(IWF)에서 '2007 최우수 여자 선수' 상을 수여할 때 그녀는 자신의 몸무게에 맞게 기술을 익히고 있다고 밝혔다.
>
> – 동아일보

　기자는 역도의 장미란 선수에 대한 신문 기사를 읽고 한 가지 궁금증이 생겼다. 무거운 걸 드는 데 필요한 건 힘뿐이라고 생각했는데 또 다른 무언가가 있지 않을까? 기자는 궁금증을 참지 못하고 한국대학교에서 스포츠 과학을 가르치는 신원리 교수님을 만나러 가기로 했다.
초여름이라 날씨가 꽤 더웠지만 연구실에서는 에어컨 바람이 시원하게 나오고 있었다. 기자는 상쾌한 마음으로 교수님께 신문 기사의 일부를 보여 드렸다. 교수님께서 먼저 질문을 던지셨다.

교　수 : 그럼 먼저 역도에 대해 얘기해 볼까요? 무거운 역기를 들어 올리려면 무엇이 필요할까요?

연 하: 음, 우선 힘이 세야 할 것 같아요. 힘이 센 사람들은 대체로 몸집도 크던데…….

교 수: 네. 힘이 세야겠지만 몸집이 크다고 해서 무조건 역기를 잘 들 수 있는 것은 아니에요. 장미란 선수가 2008년 베이징 올림픽에서 들어 올린 역기의 무게는 187kg이 넘는다고 해요. 그런데 시상대에 오른 장미란 선수는 다른 선수들보다 몸집이 훨씬 작았어요.

연 하: 몸집이 그렇게 중요하지 않은가 봐요.

교 수: 맞아요. 역도는 무거운 역기를 들어 올릴 수 있는 힘도 중요하지만, 순간적으로 힘을 내는 운동이기 때문에 순발력도 함께 필요해요. 그래서 과학의 원리를 잘 알고 이용해야 하지요.

연 하: 아! 역도에도 과학이 필요하군요?

교 수: 그럼요. 팔을 움직이는 동작 하나에도 아주 기본적이고 중요한 과학 원리가 숨어 있어요. 우리 몸에는 206개의 뼈가 있고 뼈에는 근육이 붙어 있어요. 우리가 순간적으로 힘을 낼 때 바로 근육의 힘이 필요하지요. 그리고 근육의 힘 이외에 역기를 들어 올릴 수 있는 것은 지렛대의 원리가 큰 역할을 해요.

연 하: 지렛대의 원리요? 저 그거 알아요. 무거운 물체를 움직일 때 필요한 원리잖아요.

교 수: 오, 보기만큼 아주 똑똑하네요. 지렛대란 물체를 움직이도록 막대

톡톡 통신

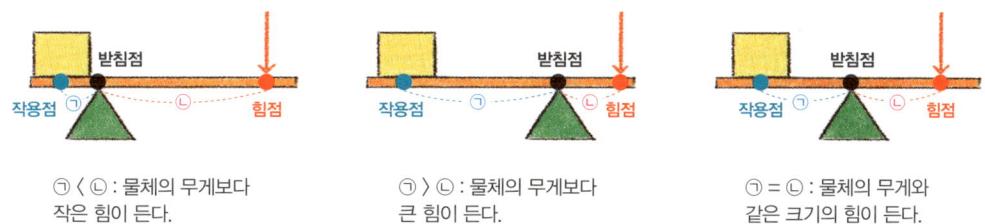

ㄱ < ㄴ : 물체의 무게보다 작은 힘이 든다.

ㄱ > ㄴ : 물체의 무게보다 큰 힘이 든다.

ㄱ = ㄴ : 물체의 무게와 같은 크기의 힘이 든다.

를 이용하여 힘을 전달하는 도구예요. 지렛대에는 막대를 받치고 있는 받침점, 힘이 더해지는 힘점 그리고 물체에 힘이 작용하는 작용점이 있어요. 힘점이 받침점으로부터 멀어질수록 훨씬 쉽게 물체를 들어 올릴 수 있지요. 그런데 우리가 팔을 움직일 때도 같은 원리가 작용한답니다.

연 하: 우리 팔에도 지렛대가 있다고요?

교 수: 네. 다음에 나오는 그림을 보세요. 뼈가 지렛대의 역할을 하고, 팔꿈치의 관절이 받침점의 역할을, 근육이 힘점의 역할을 하지요. 이렇게 힘점이 받침점과 가까울 경우 팔을 움직이려면 훨씬 큰 힘이 필요해요. 하지만 근육이 얼마나 움직이냐에 따라 팔을 움직일 수 있는 범위가 달라지기 때문에 짧은 시간 안에 빠른 속도로 넓게 움직일 수 있어요. 예를 들어 근육이 1cm 움직일 때 손이 10cm 움직인다면 근육은 10배의 힘이 드는 거예요. 역기를 들어 올릴 때 팔의 길이가 짧다면 힘은 더 작게 든답니다.

연 하: 근육의 움직임이 굉장히 과학적이네요.

프로 선수는 몸부터 달라!

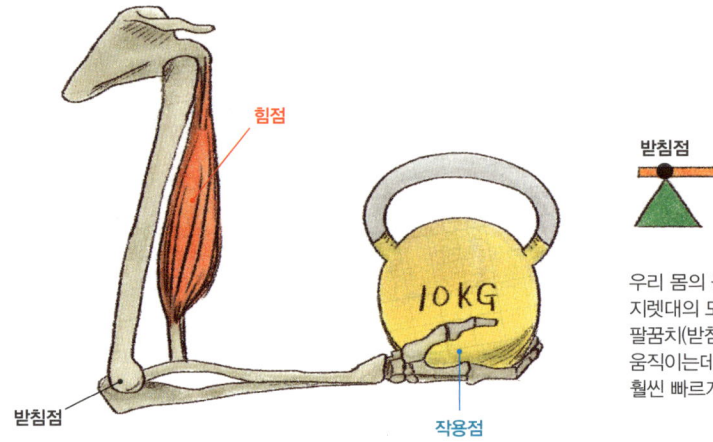
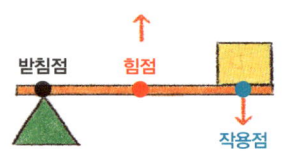

우리 몸의 근육과 뼈는 약간 변형된 지렛대의 모습이다. 근육(힘점)을 이용해 팔꿈치(받침점)를 중심으로 물건(작용점)을 움직이는데, 근육 사용량에 비해 물건을 훨씬 빠르게 움직일 수 있다.

교 수: 네, 레슬링도 마찬가지예요. 레슬링 경기에서 옆굴리기_{상대방의 허리를 움켜쥐고 돌리는 기술}를 사용하는 선수를 보면 지렛대의 원리를 잘 이용한다는 것을 알 수 있지요. 다리를 상대방 몸 아래에 끼워 넣고 단단하게 고정시키면 튼튼한 받침점이 돼요. 그리고 상대의 가슴 가까이 걸어 놓은 팔은 힘을 직접 쓰는 힘점의 역할을, 힘을 받는 작용점은 상대방의 무게 중심이 되지요.

연 하: 우와, 정말 신기하네요. 다리 근육도 마찬가지일 것 같아요.

교 수: 물론이에요. 마이클 조던이라고 아나요?

연 하: 아, 그 전설의 농구 황제 말씀이시죠? 농구를 하는 친구들 사이에서는 굉장한 영웅이에요.

교 수: 네, 맞아요. 저도 텔레비전으로 마이클 조던의 경기를 본 적이 있

지요. 마이클 조던 선수가 덩크슛공에서 손을 떼지 않고 점프하여 바로 링에 내리꽂는 슛을 하는 모습은 정말 멋있었어요.

연 하: 혹시 덩크슛를 하는 것도 과학적으로 설명할 수 있나요?

교 수: 물론이죠. 덩크슛을 멋지게 하려면 마이클 조던 선수처럼 점프력이 매우 좋아야 해요. 그때 '작용 반작용의 법칙'이 사용되는 거죠.

연 하: 작용, 반작용? 아, 갑자기 머리가 아파요.

교 수: 호호, 그럼 머리 안 아프게 간단히 설명해 드릴게요. 보통 위로 뛰어오를 때 발로는 땅바닥을 밀어내죠? 이렇게 같은 크기의 힘이 서로 반대 방향으로 작용하는 것을 '작용 반작용의 법칙'이라

고 말해요. 쉽게 말해서 두 사람이 마주보고 서서 손바닥을 맞댄 채 서로 밀어내는 모습을 상상하면 된답니다.

연 하: 아! 알 것 같아요. 그런데 '작용 반작용의 법칙'이 다리 근육과 어떤 관계가 있나요?

교 수: 뛰어오를 때 중요한 것은 다리를 적당히 구부렸다가 펴야 한다는 사실이에요. 다리를 구부리게 되면 근육에 힘이 저장되는데, 그 힘만큼 바닥을 발로 차야 위로 뛰어오를 수 있거든요. 즉, 다리를 살짝 구부리면 바닥을 차는 힘이 작아서 낮게 뛰어오르고, 조금 더 많이 구부리면 그 반동으로 더 높이 뛰어오를 수 있어요. 이렇게 다리 근육의 힘을 순간적으로 사용해야 하는 운동에는 근육의 역할이 매우 중요하지요.

연 하: 어휴, 운동을 잘하려면 아는 것도 많아야 하나 봐요. 저희 어린이 기자단 중에 운동은 정말 좋아하는데 공부를 무지 싫어하는 친구가 있거든요. 이 인터뷰 내용을 꼭 들려줘야겠어요. 교수님, 궁금한 것이 있으면 또 찾아와도 될까요?

교 수: 호호, 물론이지요. 언제든지 연락 주세요.

연 하: 네, 오늘 좋은 말씀 감사합니다.

skating@dongacho.es.kr
김연하 기자

무게 중심과 배면뛰기

과학은 어떤 스포츠에서나 찾을 수 있다. 그 가운데 높이뛰기에는 무게 중심의 비밀이 숨어 있다. 무게 중심이란 간단히 말해 어느 한쪽으로 무게가 치우치지 않는 지점을 말한다. 카드나 동전 쌓기 등의 놀이와 오뚝이 같은 장난감이 모두 무게 중심의 원리를 이용한 것이다.

높이뛰기는 힘차게 뛰어올라 높이 걸려 있는 막대를 넘는 운동이다. 높이뛰기 선수들이 주로 사용하는 배면뛰기|배가 하늘로, 등이 땅으로 향하는 자세| 자세를 생각하면 쉽게 이해할 수 있다. 1968년 멕시코 올림픽에서 미국의 딕 포스베리 선수가 처음으로 배면뛰기 자세를 선보였고, 결국 2m 24cm라는 세계 기록을 내며 우승을 했다. 그 이후 거의 모든 높이뛰기 선수들이 배면뛰기 자세로 막대를 넘는다. 높이뛰기는 몸이 공중에 가장 높이 떴을 때 오히려 무게중심이 낮아야 힘을 훨씬 덜 들이고 막대를 넘을 수 있는 운동이다. 배면뛰기를 할 때는 몸이 ∩자 모양으로 구부러지고, 그때의 무게 중심은 몸보다 10cm 정도 아래의 가운데 빈 공간에 생기게 된다. 즉, 배면뛰기를 하면 다른 어떤 자세보다 무게 중심이 낮기 때문에 높이뛰기에 효과적이라고 할 수 있다.

올림픽의 역사와 진정한 가치

아주 오랜 옛날 그리스에서는 신화에 나오는 신들을 기리기 위해 여러 행사를 열었다. 여러 폴리스(도시) 가운데 '올림피아'에서는 2~4년에 한 번씩 제우스를 기리기 위해 올림픽 경기를 열었다. 정확히 알 수 없지만 최초의 올림픽은 기원전 776년경부터 시작된 것으로 알려져 있다.

고대 올림픽은 그리스 안에 있는 여러 폴리스의 선수들이 모여서 운동 경기를 하는 방식이었다. 거기에 음악이나 시 경연 대회 같은 예술 시합도 더해졌다. 고대 올림픽은 단순한 시합이 아니라 많은 사람들이 모여 즐기는 축제였다.

경기 종류는 달리기를 비롯하여 원반던지기, 말 타기, 투창 던지기, 높이뛰기 그리고 레슬링과 비슷한 격투기도 있었다. 그런데 시합에는 오직 남자들만 참가할 수 있었고, 여자들은 참여하기는커녕 구경할 수도 없었다. 고대 올림픽은 큰 전쟁을 겪으면서 제대로 열리지 못했고 점차 사라지기 시작했다. 393년 제293회를 끝으로 더는 열리지 않았고, 결국 로마의 테오도시우스 1세 때 중단되었다.

시간이 흘러 19세기경 독일의 한 고고학자가 올림피아의 유적을 발견하였다. 그와 동시에 고대 올림픽이 세상에 알려졌고, 프랑스의 피에르 드 쿠베르탱 남작은 올림픽을 다시 일으키기 위해 노력했다. 교육자였던 쿠베르탱 남작은 스포츠가 청소년의 인격과 신체 발달에 큰 영향을 끼친다는 점을 알고 있었다. 남작은 세계의 청년들이 한자리에 모여 우정을 나누고 세계 평화에 이바지할 수 있는 기회를 주고 싶어 했다. 바로 근대 올림픽이 탄생한 것이다.

제1회 올림픽은 1896년 그리스 아테네에서 열렸다. 고대 올림픽의 정신을 되살려 '더 빨리, 더 높이, 더 힘차게'라는 표어 아래 전 세계의 훌륭한 선수들이 모여 각종 스포츠 경기를 치렀다. 쿠베르탱 남작은 국제 올림픽 위원회(IOC)도 만들어 개최지를 선정하고, 경기 종목을 선정하는 등의 일을 맡겼다. 올림픽이 성공적으로 열리자 1924년에는 프랑스의 샤모니에서 최초로 눈과 얼음으로 진행하는 올림픽이 시작되었다. 즉, 하계 올림픽에서 할 수 없는 종목들로 구성된 동계 올림픽이 등장한 것이다. 1992년까지 하계 올림픽과 동계 올림픽은 같은 해에 열렸지만, 이후부터는 2년에 한 번씩 번갈아 열렸다.

올림픽은 회가 거듭할수록 전 세계 거의 모든 국가가 참여할 정도로 규모가 커졌다. 33개 분야에서 약 400개의 종목이 생겼고 13,000명이 넘는 선수들이 경기를 치렀다. 그리고 각 종목의 1, 2, 3위는 금·은·동메달을 받는다. 올림픽은 전 세계 언론에서 경기를 중계하고 보도하기 때문에 이름 없는 선수들이 세계적으로 명성을 얻을 수 있는 기회이기도 하다. 또한 개최국과 개최도시 역시 세계에 널리 이름을 알리고, 올림픽을 찾는 관광객들로 인해 큰 이득도 얻을 수 있다. 우리나라는 1988년 서울에서 제24회 하계 올림픽을, 2018년에는 강원도 평창에서 제23회 동계 올림픽을 성공적으로 치루었다.

올림픽은 원래 순수 아마추어 예술이나 스포츠를 취미로 즐기는 사람, 비전문가 정신에서 비롯된 스포츠 축제였다. 처음에는 누구나 참여할 수 있었지만 사람들의 관심을 조금 더 높이기 위해 프로 선수들이 등장하기 시작했다. 프로 선수들은 일반인들이 할 수 없는 경기 능력을 보여 주었고, 사람들은 극적인 경기 내용에 푹 빠져 들기 시작했다. 점점 사람들과 대중 매체의 역할이 커지면서 올림픽은 조금씩 상업적으로 변하기 시작하였고, 기업들과 밀접한 관계를 가지며 하나의 산업으로 발전했다. 그 과정에서 요즘의 올림픽은 원래의 순수한 의미를 잃어버렸다는 비판이 나오기 시작했다. 확실히 현재의 올림픽은 처음 출발했을 때와는 많이 다르다. 올림픽은 과연 어떤 방향으로 나아가는 것이 더 바람직할까?

국제 스포츠 행사는 언제 처음 열렸을까?

국제 경기란 두 나라 이상의 선수나 단체가 참가하는 경기를 말해요. 다양한 국제 경기를 통해 나라간의 친목도 다지고 실력 있는 선수들의 경기 장면을 보면서 관중들은 열광하지요. 전 세계인을 하나로 묶어 주는 국제 스포츠 경기에는 무엇이 있고 언제 어디서 처음 열렸을까요?

아테네 파나티나이코 스타디움에서 열린 제1회 올림픽 개막식

제1회 하계 올림픽 기념 우표

제1회 FIFA 월드컵 대회 공식 포스터

하계 올림픽 대회
1896년, 그리스 아테네
전 세계인이 즐기는 가장 큰 국제 스포츠 대회로 4년마다 열린다.

FIFA 월드컵 축구 대회
1930년, 우루과이 몬테비데오
처음으로 열린 한 종목 스포츠 대회로 그 규모 또한 가장 크다.

1896년 — 1924년 — 1930년 — 1951년

동계 올림픽 대회
1924년, 프랑스 샤모니
1992년까지 하계 올림픽과 같은 해에 열리다가 1994년부터 다시 4년을 주기로 열린다.

아시아 경기 대회(아시안 게임)
1951년, 인도 뉴델리
아시아의 국가들을 위한 종합 스포츠 대회로 4년마다 열린다.

제1회 동계 올림픽 공식 포스터

제1회 아시아 경기 대회에서 인도 선수들이 입장하는 모습

제1회 유럽 축구 선수권 결승전이 열린 파르크 데 프랭스 경기장

경기가 열린 헬싱키 올림픽 스타디움

유럽 축구 선수권 대회(UEFA 유로)
1960년, 프랑스
유럽에 속한 나라들만 참여한다. 하지만 축구 강국 대부분이 유럽 국가이기 때문에 '브라질과 아르헨티나가 빠진 월드컵 축구 대회'라고 불린다.

세계 육상 선수권 대회
1983년, 핀란드 헬싱키
올림픽, 월드컵과 함께 세계 3대 스포츠 대회로 불리며 2년 간격으로 열린다.

1960년　　　　**1983년**　　　　**2006년**

패럴림픽(장애인 올림픽)
1960년, 이탈리아 로마(하계)
1976년, 스웨덴 외른셸드스비크(동계)
하계 혹은 동계 올림픽이 끝난 후 같은 도시에서 열린다.

월드 베이스볼 클래식(WBC)
2006년, 미국
국제 야구 대회로 2009년 제2회 대회 이후로 4년마다 열린다.

패럴림픽 육상 경기 모습

제1회 WBC 결승전이 열린 샌디에이고 펫코파크 경기장

우리 몸에는 어떤 과학 원리가 숨어 있을까?

눈에는 보이지 않지만 스포츠 경기를 하는 선수의 몸에는 다양한 과학 원리가 숨어 있어요. 종목에 따라서도 조금씩 다르답니다. 아래 그림에서 각 운동선수에 맞는 과학 원리가 무엇인지 하나하나 찾아가 볼까요?

가을 호

과학으로 무장한 스포츠 장비

가을 호

별난 기자단의 톡톡 통신

생생 체험 수기
신기록을 돕는 과학

운동회 스타 최고속 군이 들려주는 100m 달리기 잘하는 법!
크라우칭 스타트와 스타팅 블록에 숨겨진 비밀!
장대가 없다면 날개 잃은 새!
– 전국소년체육대회 높이뛰기 금메달리스트 김○
양의 금빛 비법

기획 기사
0.01초의 승부 과학으로 옷을 입다

박태한 기자가 맨날 입는 최○ 스포츠 의류, 과연 운동 실력에 도움이 될까? 전신 운동복의 비밀은?

가상 인터뷰
공들의 다툼, 그 뜨거운 현장

편집부에 뜬금없이 걸려온 한 통의 전화! 자기가 더 과학적이라고 주장하는 그들은 누구? 그 뜨거운 현장을 취재하러 갑니다!

톡톡 통신

생생 체험 수기 신기록을 돕는 과학

사람의 몸을 다룬 지난 호에 이어 이번 가을 호에서는 최신 첨단 장비들에 대해 알아보기로 했다. 우선 메달 수상자들이 직접 들려주는 전문 장비 속 비밀을 파헤쳐 보자.

100m 달리기 잘하는 방법

4학년 3반 최고속

나는 누구나 인정하는 동아초등학교 스포츠 스타 최고속이다. 매 운동회마다 100m 달리기 신기록을 세웠고 지난 전국소년체육대회에서는 간발의 차이로 은메달을 땄다. 믿거나 말거나 엄마는 내가 걷기도 전에 뛰었다고 말하신다. 영웅 뒤에는 탄생 신화가 항상 따라다니는 법이니까 뭐 거짓말 같지는 않다. 나는 언젠가 우사인 볼트처럼 세계 기록을 세우는 육상 선수가 되고 싶다. 지난주에 김연하 기자로부터 신기록의 비밀을 알고 싶다는 연락이 왔다. 내 비법을 알려 줘도 되나 한참을 고민했지만 아주 살짝만 공개하기로 했다.

100m 또는 200m 달리기에서 가장 중요한 것은 바로 출발 속력이다. 단거리 육상 경기 선수들은 출발 속력을 높이기 위해 아주 많은 훈련을 한다. 그리고 출발하기 전 '크라우칭 스타트'라는 아주 특별한 자세를 취

크라우칭 스타트 자세로 출발 준비를 하는 선수들

한다. 이 자세는 양발을 앞뒤로 약간 벌려 땅을 디딘 다음, 양팔을 어깨너비 이상 벌린 채 손으로 땅을 짚고 엉덩이를 치켜드는 것을 말한다. 단거리 달리기 경기에서 아주 흔히 볼 수 있는 자세이다.

세계에서 처음으로 크라우칭 스타트 자세를 취한 사람은 1888년 미국의 셰릴이라는 선수였다. 그 후 1896년 제1회 아테네 올림픽에서 크라우칭 스타트 자세로 출발한 선수는 오직 한 명이었다. 유일하게 크라우칭 스타트를 했던 토머스 에드워드 버크는 100m 경기에서 11.8초라는 신기록을 세웠다. 요즘의 최고 기록인 9초대 중반에 비하면 많이 느리지만 당시에는 놀라운 기록이었다. 그때까지 대부분의 선수들은 일어선 상태에서 출발했는데 최고 기록이 12초대였고, 버크는 무려 0.2초나 기록을 앞당겼다.

크라우칭 스타트는 어떻게 출발 속력을 높여 주는 것일까? 크라우칭 스타트를 할 때는 우선 몸을 잔뜩 웅크리고 있다가 출발 신호와 동시에 온몸을 펴면서 앞으로 뛰어나간다. 즉, 그냥 서 있다가 다리로만 땅을 밀 때보다 훨씬 큰 힘으로 보다 더 빠르게 달려 나갈 수 있기 때문에 좋은 기록이 나올 수밖에 없다.

그런데 크라우칭 스타트에는 반드시 뒤따르는 도구가 하나 있다. 바로 스타팅 블록이다. 이것은 크라우칭 스타트를 할 때 양발을 딛는 작은 블록을 말한다. 1920년대 말 미국의 한 대학교 육상 코치가 개발한 후 1929년 조지 심슨이 신기록을 세우는 데 큰 도움을 주었고, 그 후 1948년 런던 올림픽부터 공식적으로 사용되었다. 초기 스타팅 블록은 나무로 만들어졌는데, 출발할 때 발이 미끄러지지 않아서 앞으로 뛰어나가는 데 매우 효과적이었다. 스타팅 블록이 없었을 때에는 운동장 흙을 발로 파내어 그 구멍에 발을 딛고 출발하기도 했는데 운동장이 너무 많이 훼손되는 단점이 있었다.

탕!

육상 종목은 팽팽한 긴장을 깨트리는 총소리와 함께 시작된다. 특히 100m와 같은 단거리는 출발 반응 속도가 1, 2등을 결정하기도 한다. 가끔은 총소리가 울리기도 전에 뛰어나가는 선수도 있지만 대부분 0.150초 정도 후에 출발한다. 2007년 오사카 세계육상선수

가을 호

권대회 남자 부문 100m 결승에서 가장 빠른 출발 반응 시간은 0.130초(올루소지 파수바, 나이지리아)였고, 반면에 가장 늦은 시간은 0.180초(쿠란디 마르티나, 네덜란드령 안틸레스)로 0.05초 정도 차이가 났다.

국제 규정상 총소리가 울린 뒤 0.1초 이내에 출발하면 부정 출발로 여겨진다. 여러 번의 실험 결과 사람의 반응 속도가 0.1초보다 빠를 수는 없다는 게 그 이유이다. 미국의 몽고메리 선수는 2002년 프랑스 파리 100m 경기에서 9초 78로 결승선을 통과했다. 이 기록은 1999년 미국의 모리스 그린이 세운 9초 79를 0.01초 앞당긴 세계 기록이었다. 나중에 금지 약물을 사용한 사실이 밝혀져 취소되었지만 당시 몽고메리는 0.104초라는 매우 놀라운 출발 반응 시간을 기록해 화제가 됐다. 단지 0.004초 차이로 부정 출발이 아닌 정상 출발로 기록되었다.

스타팅 블록

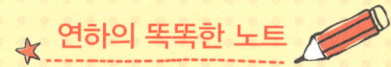

바람에 웃고 바람에 우는 육상 선수들

바람은 100m 기록에 결정적인 영향을 끼친다. 만약 선수들이 맞바람이나 옆바람을 맞으면서 달리면 기록이 떨어진다. 100m 단거리 대회의 경우 달리기 직전 뒷 바람이 불어 주면 좋은 기록을 기대할 수 있다. '뒷 바람 없이 100m 세계 기록은 나오지 않는다'라는 말이 있을 정도이다.

그렇다고 뒷 바람이 너무 세어도 좋지 않다. 초속 2m를 초과하는 뒷 바람이 불면 기록은 무효가 되기 때문이다. 초속 2m의 뒷 바람이 불면 남자 선수는 0.1초, 여자 선수는 0.12초 정도 기록이 단축되는 효과가 있다고 한다. 0.01초를 줄이기도 힘든 100m 경기에서 0.1초는 어마어마한 시간이다.

2001년 세계육상선수권대회에 참가한 미국의 모리스 그린은 9.88초의 성적으로 우승을 차지했다. 그런데 100m 결승전 당시 무려 초속 5.1m의 맞바람이 불고 있었다. 그 정도의 맞바람은 100m 기록을 약 0.3초나 떨어뜨린다고 한다. 만약 맞바람이 불지 않았다면 어떻게 됐을까? 여러 가지 변수가 있으니 장담할 수는 없지만 단순하게 계산해 보면 9.58초라는 믿기 힘든 기록이 나온다. 지금까지 규정 이상의 뒷 바람으로 취소된 최고 기록은 오바델 톰슨이 세운 9.69초이다.

사람이 세울 수 있는 기록의 한계는 어디까지일까? 놀라운 잠재력을 가진 선수가 최고의 훈련을 받았다고 상상해 보자. 경기 날 선수의 몸 상태 역시 최고이고, 경기장·바람·온도의 조건 역시 최상이라고 한다면? 일본의 스포츠 과학자들은 역대 100m 세계 기록 보유자의 장점만 모아 시뮬레이션 한 결과 9.50초라는 기록이 나왔다고 한다.

이렇게 '빠르다'라는 것에 대한 사람들의 동경_{어떤 것을 간절히 그리워하고 바라는 것}이 사라지지 않는 한 '가장 빠른 사람'을 향한 선수들의 도전도 계속될 것이다.

가을 호

새처럼 날아 볼까?

5학년 2반 김하늘

　나는 지난 전국소년체육대회 높이뛰기 부문에서 금메달을 땄다. 김연하 기자는 우승 기념으로 높이뛰기 경기에 대해 잘 알지 못하는 학생들을 위해 설명을 해 달라고 부탁했다. 나는 바로 알겠다고 했고, 차분한 체육 선생님이 도움을 주셨다.

　높이뛰기에는 맨몸으로 뛰어넘는 종목과 장대를 이용하는 종목 두 가지가 있다. 그 가운데 장대높이뛰기를 소개하려고 한다. 장대높이뛰기는 말 그대로 장대를 이용해서 새가 날듯이 높이 뛰어오르는 경기이다. 1896년 제1회 올림픽 때부터 있었던 종목으로 장대라는 도구를 사용하기 때문에 일반 높이뛰기보다 훨씬 더 높게 뛸 수 있다. 제1회 올림픽 때 3m 30cm에 머물렀던 기록은 1960년대 초가 되자 4m 57cm로 높아졌다. 2009년에는 여자 장대높이뛰기 경기에서 이신바예바 선수가 5m 6cm를 뛰어넘었다. 남자 장대높이뛰기 세계 최고 기록은 러시아의 세르게이 부브카가 세운 6m 14cm이다.

　장대높이뛰기는 장대가 가진 탄성원래 상태로 되돌아가려는 성질을 이용하는 운동이다. 장대높이뛰기 선수는 40m 이상의 거리를 빠른 속도로 달려와 장대의 한쪽 끝으로 땅을 짚고 다른 쪽 끝에 온몸으로 매달린다. 장대는 선수의 몸무게만큼 휘어졌다가 탄성 때문에 원래의 모양으로 펴지고, 바로 그 힘을 이용하면 높이 뛰어오를 수 있다.

스포츠 과학

톡톡 통신

그럼 위로 올라가는 것이 아니라 앞으로 멀리 날아가는 멀리뛰기는 어떨까? 멀리뛰기 선수들을 보면 마치 공중에서 뛰어가는 것처럼 보인다. 선수들이 주로 사용하는 '가위 뛰기' 동작은 점프한 후 공중에서 마치 달리는 것과 같은 동작을 계속해서 하는 것인데 '히치 킥'이라고도 한다.

스펀지, 고무줄, 용수철 등을 누르거나 잡아당긴 후 손을 떼면 원래의 모습으로 되돌아가는데 이러한 성질을 탄성이라고 한다.

선수가 빠르게 달려 발 구름판(발을 구르는 판으로 몸이 뛰어오르는 것을 돕는다)을 딛는 순간 속도는 줄어들지만 몸은 계속 달려왔기 때문에 멈추지 않고 앞으로 나아가려고 한다. 그래서 선수들은 공중에 떠 있는 짧은 시간 동안 끊임없이 발을 움직여 몸이 앞으로 넘어가는 것을 막는다고 한다.

히치 킥은 일정 거리 이상 공중에 떠 있어야 할 수 있는 동작이다. 히치 킥을 잘하는 선수일수록 멀리뛰기 경기에서 금메달을 딸 확률이 높다.

히치 킥을 하는 선수는 마치 하늘을 달리는 것처럼 보인다.

과학으로 무장한 스포츠 장비

가을 호

 연하의 똑똑한 노트

멀리뛰기의 다양한 동작

멀리뛰기에는 가위 뛰기 이외에 다리 모아 뛰기와 젖혀 뛰기 같은 동작도 있다. '다리 모아 뛰기'는 두 발을 모아 제자리에서 앞으로 뛰는 동작이다. '젖혀 뛰기'는 초보 운동선수들이 사용하는 방법으로 몸이 가장 높이 올라갔을 때 양팔을 뒤쪽으로 뻗어 올리고 가슴을 크게 젖힌다. 그리고 동시에 다리도 뒤쪽을 향해 뻗었다가 떨어질 때 팔과 다리를 앞쪽으로 향해 착지하는 것이다.

장애인들의 축제 패럴림픽

신체장애가 있는 운동선수들이 참가하는 국제 스포츠 대회를 패럴림픽(Paralympic)이라고 한다. 우리는 장애인 올림픽이라고도 부른다. 패럴림픽은 1960년 로마에서 처음 열렸고, 척추 장애가 있던 23개국의 400여 명 선수들이 참가했다. 그래서 하반신 마비(Paraplegic)라는 말과 올림픽(Olympic)이라는 말이 합해져 만들어졌고, 요즘은 하계 올림픽이 끝난 뒤 같은 도시에서 열린다. 우리나라는 2008년 베이징에서 열린 패럴림픽에서 10개의 금메달을 포함해 총 31개의 메달을 따는 성과를 냈다.

2004년 하계 패럴림픽 골볼 팀의 경기 장면. 골볼은 시각 장애인 세 명이 한 팀을 이룬다. 소리가 나는 공을 이용해 상대팀 골대에 공을 넣는 게임이다.

기획 기사 0.01초의 승부, 과학으로 옷을 입다

들썩들썩 Q&A
한 가지 궁금한 점이 있습니다. 봄 운동회 때 박태한 기자님을 본 적이 있는데 굉장히 독특한 옷을 입고 계시더라고요. 운동화도 비싸 보였는데……. 그런 옷을 입으면 운동회에서 1등을 할 수 있나요?
– 아이디 scienceboy

올봄 동아초등학교 운동회 때 기자는 첨단 복장으로 무장하고 100m 달리기에 참가했다. 기자의 옷은 많은 사람들의 관심을 받았다. 지난주 우리 신문 홈페이지 게시판에는 바로 그 옷에 대한 질문이 올라왔다. 기자는 독자들의 열화와 같은 성원에 힘입어 스포츠 과학에서 의상이 얼마나 큰 역할을 하는지 알아보기로 했다.

요즘 육상 선수들은 전신 속도복을 많이 입는다. 전신 속도복은 머리 끝에서 발끝까지 온몸을 감싸는 옷으로, 2000년 시드니 올림픽에서 호주의 캐시 프리먼이 처음 입고 나와 큰 관심을 받았다. 프리먼은 그 대회 400m 종목에서 금메달을 땄다.

이후 한 단계 더 발전한 '스위프트 수트'는 근육 온도와 공기 흐름에 초점을 맞춰 5가지 섬유로 만들어졌다. 단거리 선수들은 짧은 시간 안에 폭발적인 힘을 내야 하는데 부상을 당하지 않으려면 결승선까지 근육의 온도를 유지하는 것이 매우 중요하다. '스위프트 수트'는 특수 소재를 사용하여 특정 부위에 열을 흡수하거나 내보낼 수 있는 등 몸의 온도를 조절할 수 있다.

또 다른 전신 속도복인 '포모션'은 몸에 착 달라붙도록 만들어져서 선수가 달릴 때 공기의 저항물체의 운동 방향과 반대 방향으로 작용하는 힘을 줄여 준다. 그리고 '클라이마쿨'은 땀을 신속하게 흡수·건조시키고 공기를 잘 통하게 해 몸의 온도가 잘 유지된다.

스파이더맨, 배트맨, 슈퍼맨 같은 영웅들이 오래전부터 모두 몸에 딱 달라붙는 옷을 입은 것도 같은 이유였나 보다.

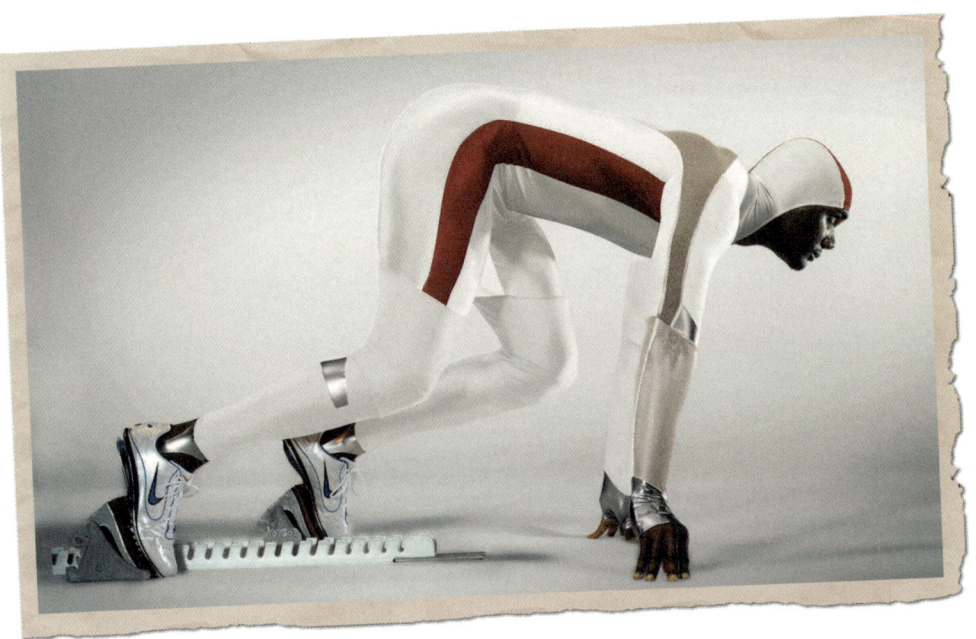

톡톡 통신

　운동선수들은 오랜 시간 몸을 움직이기 때문에 땀을 많이 흘리게 된다. 따라서 선수들이 입는 유니폼은 무엇보다 가벼워야 하고 땀을 옷 밖으로 잘 내보내는 것이 중요하다. 면으로 만든 옷은 땀이 빠져나오기 어려워 옷이 쉽게 무거워질 수 있다. 또한 뛰면 뛸수록 옷이 피부에 쓸려 아플 수도 있기 때문에 장거리 육상 선수들이나 축구 선수들은 가볍고 바람이 잘 통하는 유니폼을 입는다.

　수영복도 마찬가지로 계속 발전했다. 1896년 아테네에서 열린 첫 번째 올림픽에서 수영 부문은 100m, 500m, 1,200m 단 3종목의 자유형 경기만 치러졌다. 100m 경기의 경우 1분 22.2초의 기록으로 우승자가 결정되었다. 요즘 100m 세계 기록은 47초가 채 안된다고 하니 백여 년 동안 선수들의 실력이 엄청나게 좋아진 것이다. 그동안 무슨 일이 생긴 걸까?

　헤엄을 치며 물살을 가르고 나아가는 수영 선수들은 물의 저항을 크게 받는다. 몸이 물속에 많이 잠길수록 앞으로 나아가기 힘들다. 즉, 물속에 잠긴 몸의 부분이 적을수록 물의 저항이 줄어들

과학으로 무장한 스포츠 장비

가을 호

어 빨리 헤엄칠 수 있다.

모든 경기가 비슷하지만 특히 수영은 0.01초를 다투는 종목이다. 1956년 올림픽 자유형 100m에 출전한 호주의 존 헨릭스는 어머니가 란제리_서양식 속옷_로 만들어준 수영복을 입고 경기에 출전해 금메달을 땄다. 매끄러운 란제리의 특성 덕분에 물의 저항을 줄일 수 있었기 때문이다. 이후 1960년대부터는 물 흡수가 적은 나일론 수영복이 등장했고 세계 기록은 계속해서 깨졌다.

시간이 지날수록 수영복은 과학으로 무장하게 되었다. 2000년대 이전까지 수영 선수들은 최대한 크기가 작고 몸에 달라붙는 수영복을 입었다. 그런데 '적게 입을수록 좋다'는 생각을 한번에 바꾼 사건이 일어났다. 2000년 시드니 올림픽에서 호주의 이언 소프가 세계 기록을 세우며 3관왕을 달성하자 그의 새로운 수영복이 유명해진 것이다. 바로 전신 수영복이었다.

전신 수영복이란 전신 속도복처럼 목에서부터 발목까지 몸 전체를 감싸는 옷으로 상어의 피부에서 아이디어를 빌려 왔다고 한다. 상어의 피부에 난 작은 돌기들은 물과 부딪히면서 생기는 소용돌이를 완화시켜 준다. 즉, 물속 저항을 줄여 주어 헤엄치는 데 도움을 주는 것이다.

2008년 베이징 올림픽에서 수영 황제라고 불린 미국의 마이클 펠프스 역시 새로운 전신 수영복 '레이저 레이서'를 입었다. 그 결과 펠프스는 세계 기록 7개를 세우며 8개의 금메달을 땄다. 그의 전신 수영복은 미국의 유명 잡지 《타임》이 세계 50대 발명품으로 선정할 정도로 놀라운 것이었다. 2008~2009년 단 2년 동안 전신 수영복을 입은 선수가 세운 세계 기록은 143개나 된다. 하지만 세계 기록이 마구 쏟아지자 국제수영연맹은 2010년 1월부터 전신 수영복을 입을 수 없도록 규정을 바꾸었다. 세계 기록을 세우는 데 선수들의 능력보다 첨단 수영복이 더 큰 영향을 주는 것이 좋지 않다고 판단했기 때문이다. 그 후 2년 간 세워진 세계 기록은 단 2개뿐이다.

전신 수영복 '레이저 레이서'

전신 운동복 이외에도 마라톤화와 역도화에도 과학이 숨어 있다. 우리나라의 대표적인 마라토너인 이봉주 선수가 신은 마라톤화의 경우, 연구하고 만드는 데에만 2억 원에 가까운 돈이 들었다고 한다. 왜 마라톤화 한 켤레에 그렇게 많은 돈이 들어가야 했을까?

연구에 따르면 신발 무게를 1g 줄일 경우 약 10초 정도의 기록을 단축시킬 수 있다고 한다. 그리고 좋은 마라톤화란 땀을 잘 배출하고 발에 전해지는 충격을 잘 분산시켜야 한다. 1960년 로마 올림픽에서 에티오피아의 아베베 선수는 맨발로 달려 세계 기록을 세웠지만 지금 맨발로 뛰는 선수는 한 명도 없다. 맨발로 뛸 경우 최대 선수 몸무게의 3배 정도까지 충격을 받을 수 있기 때문이다.

선수들이 뛸 때는 신발 내부의 온도와 습도가 매우 높아져 물집이 생기기 쉽다. 따라서 무엇보다 공기가 잘 통하는 소재를 사용해야 한다. 이봉주 선수의 마라톤화는 신발 밖으로 습기를 내보내고 온도를 38℃ 정도에 맞추어 조절하는 효과가 있다고 한다. 덕분에 이봉주 선수는 1996년 애틀랜타 올림픽에서 은메달을, 1998년 방콕 아시안 게임에서 금메달을 목에 걸었다.

신발의 과학은 별로 상관없을 것 같은 역도에도 숨어 있다. 한국 역도가 낳은 슈퍼스타 장미란 선수는 2008년 베이징 올림픽에서 세계 기록을 세우며 금메달을 땄다. 국제역도연맹에서는 선수들의 부상을 방지하기 위해서 꼭 역도화를 신도록 하게 한다. 얼핏 보면 선수들이 신는 역도화는 일

마라톤화의 바닥은 손톱으로 눌렀을 때 잘 들어갈 정도로 부드럽다. 또한 양손으로 신발 앞뒤를 잡고 위쪽으로 휘어지게 하면 쉽게 휘어질 정도로 유연하다.

톡톡 통신

반 신발과 별다를 것이 없어 보인다. 하지만 무엇보다 경기력에 큰 영향을 미치는 것으로 알려져 있다.

특이하게도 역도화의 바닥에는 나무가 들어 있다. 자기 몸무게의 두 배 이상을 들어 올리는 역도 선수들은 팔의 힘보다 다리의 힘이 훨씬 더 중요하다. 왜냐하면 다리가 튼튼해야 무게중심이 흔들리지 않고 버틸 수 있기 때문이다. 만약 역도화에 쿠션이 많이 들어 있다면 무게중심은 흔들리기 쉽고 심지어 역기가 뒤로 넘어갈 수도 있다. 반면에 너무 딱딱한 역도화는 관절에 부담을 주기 때문에 좋지 않다. 적당히 딱딱하면서도 알맞은 쿠션감을 주는 최상의 물질은 바로 나무였다.

과학이 숨어 있는 또 하나의 신발은 바로 축구화이다. 90분간 경기장을 쉬지 않고 뛰어다녀야 하는 축구 선수에게 축구화는 몸의 일부와 같다. 그런데 한 경기에서 선수들이 신는 축구화의 종류가 모두 제각각이라는 사실! 정해진 유니폼을 입어야 하는 국가대표 선수들도 축구화만큼은 각자 원하는 축구화를 신을 수 있다.

경기 중 갑자기 방향을 바꾸거나 순간적으로 스피드를 낼 때 미끄러지는 것을 방지하기 위해서 축구화 밑창에는 스터드_{신발 창에 박는 길이가 짧은 못}가 박혀 있다. 1954년 스위스 월드컵에서 독일 대표팀이 스터드 축구화를 처음 신고 나오기 전까지 축구화는 일반 운동화처럼 바닥이 편평했다. 하지만 독일 대표팀이 비가 오는 와중에도 경기를 잘 이끌어

우승을 차지하자 사람들은 그때부터 스터드에 대해 관심을 보이기 시작했다.

축구화는 포지션에 따라서도 종류가 다르다. 수비수는 상대 공격수의 움직임에 따라 방향을 빨리 바꿔야 하기 때문에 스터드 수가 비교적 적은 것이 좋다. 하지만 공격수는 정교한 동작과 스피드가 요구되기 때문에 발의 앞부분에 스터드가 많이 달린 축구화가 좋다.

그리고 경기장의 상태에 따라 스터드의 길이와 개수가 달라지기도 한다. 잔디의 길이가 긴 천연 잔디구장에서나 비가 오는 날씨에는 미끄러짐을 방지하기 위해 스터드의 길이가 긴 것이 좋다. 반면에 인조 잔디나 흙이 깔린 운동장에서는 스터드의 수가 많고 길이가 짧은 것이 좋다. 이런 축구화의 경우 발이 땅에 많이 닿아서 안정감을 주기 때문에 발목이 삐는 것을 막을 수 있다.

최근 개발되는 축구화는 밑창에 센서를 달아 선수들의 움직임을 기록하기도 한다. 경기할 때 움직인 총 운동 시간, 운동 거리, 전력 질주의 횟수, 최고 스피드 등 모든 정보를 기록하고 컴퓨터로 보내 분석하게 한다. 즉, 선수의 경기력을 향상시켜 주는 시스템을 신발 안에 넣은 것이다. 이처럼 신발이 단순히 신는 것이 아니라 개인 코치의 역할까지 하는 것만 보더라도 스포츠와 첨단 과학은 이제 떼려야 뗄 수 없는 관계가 되었다.

swimming@dongacho.es.kr
박태한 기자

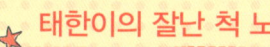태한이의 잘난 척 노트

야구 선수들의 가짜 눈썹, 아이패치

야구 선수들은 경기 중에 눈 밑에 검은색 가짜 눈썹을 붙인다. 이 눈썹을 아이패치라고 하는데 특별히 검은색을 사용하는 데는 이유가 있다.

낮에 야구 경기를 할 때면 유니폼과 피부에 있는 기름기, 경기 중에 발생하는 땀 등이 모두 햇빛을 반사시킨다. 경기 중에 계속해서 햇빛이 반사되면 눈이 부셔 경기에 집중할 수 없게 된다. 아이패치는 햇빛을 흡수해 눈에 도착하는 빛의 양을 줄여 준다. 예전에는 눈 밑에 검은색 칠을 했지만 최근에는 스티커로 제작되어 떼고 붙이기가 간편해졌다.

가을 호

가상 인터뷰 | 공들의 다툼, 그 뜨거운 현장

지난 월요일 오후.
"따르르릉."
"네, 동아초등학교 어린이 기자단입니다."
"저는 세계인의 사랑을 듬뿍 받는 축구공입니다. 많은 과학자들이 오랜 시간 동안 연구해서 만들었죠. 그런데 말입니다. 농구공, 야구공, 골프공 녀석들이 서로 자기가 더 과학적이고 멋진 몸을 가지고 있다고 우겨대지 않겠습니까? 나 원 참, 기가 막혀서! 기자님이 가장 훌륭한 공이 어떤 것인지 좀 가려 주십시오!"
"네! 알겠습니다. 그런 일이라면 어린이 기자단이 딱입니다!"

기자가 처음 찾아갔을 때 야구공은 얼굴의 실밥 자국과 퉁명스런 말투 때문에 무척 험상궂어 보였다. 하지만 첫인상과는 달리 친절하게 설명해 주려고 꽤나 노력하는 듯했다.

태 한: 먼저 야구공에 대해서 설명 좀 해 주세요.
야구공: 야구는 우리나라뿐만 아니라 일본과 미국에서도 가장 사랑받는 스포츠 가운데 하나야. 나는 축구공이나 농구공과 달리 속이 꽉 차 있어서 실제로 들어 보면 꽤 묵직하단다. 가장 안쪽에는 코르크와 고무 심이 들어 있고, 그 주위를 양털 실과 면실로 감는단다. 그런 다음 겉면을 2개의 가죽으로 감싸 216번 정도 손바느질을

톡톡 통신

하면 108개의 솔기_{옷이나 천 등의 두 폭을 맞대고 꿰맨 줄}가 생기지.

태 한: (얼굴의 실밥 자국이 솔기였구나…….)

야구공: 나는 다른 공들과 달리 유일하게 바느질 솔기가 몸 밖으로 드러나 있어. 하지만 예전부터 그런 것은 아니야. 솔기가 과학적으로 매우 중요한 역할을 한다는 게 밝혀지면서 일부러 보이게 한 거야.

태 한: 네? 일부러 보이게 만들었다고요? 솔기가 어떤 일을 하는데요?

야구공: 야구공의 솔기는 더 멀리 그리고 더 빨리 날아가게 해 주지. 날아가는 공은 보통 공기의 저항을 받아 속도가 떨어지는데 솔기가 그걸 막아 줘. 공이 날아갈 때 공의 뒤쪽은 앞쪽보다 압력이 낮아진단다. 공기의 압력이 낮다는 것은 공기가 적다는 걸 말해. 그렇게 되면 공이 뒤로 밀리면서 속도가 느려지게 되지. 매끄러운 공은 던지면 속도가 느려지지만,

과학으로 무장한 스포츠 장비

솔기가 있으면 뒤쪽과 앞쪽의 공기를 섞어 주기 때문에 공중에 더 오랫동안 떠 있을 수 있단다.

태 한: 우와, 그런 비밀이 있었군요.

야구공: 아 참, 넌 직구와 변화구의 뜻을 아니?

태 한: 물론이죠. 직구는 직선처럼 곧게 던지는 공이고 변화구는 중간에 방향이 바뀌는 공이잖아요? 그런데 투수들은 변화구를 더 많이 던지는 것 같아요. 그래서 타자들이 공을 치기가 힘든가…….

야구공: 그렇지. 강한 직구도 힘들지만, 변화구가 공을 맞추기는 더 힘들어. 그런데 투수가 변화구를 던질 수 있도록 도와주는 것도 바로

야구공을 만드는 과정. 단단하고 동그란 빨간색 물체를 굵기가 다른 양털 실로 두 번 감고, 또다시 다른 굵기의 면실로 두 번 감아 공 모양을 만든다. 여기에 쇠가죽을 두른 뒤 빨간색 실로 매듭을 지으면 완성이다.

톡톡 통신

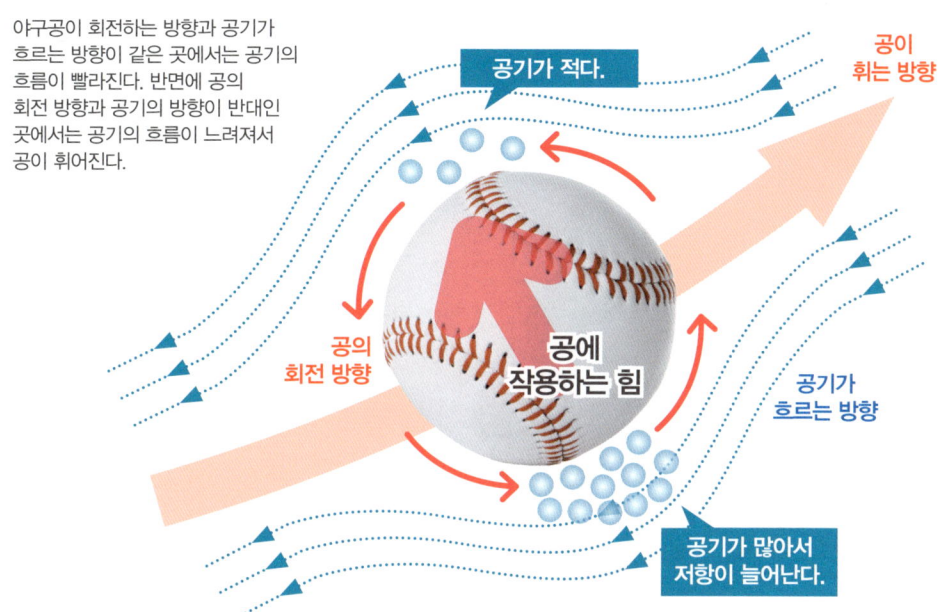

야구공이 회전하는 방향과 공기가 흐르는 방향이 같은 곳에서는 공기의 흐름이 빨라진다. 반면에 공의 회전 방향과 공기의 방향이 반대인 곳에서는 공기의 흐름이 느려져서 공이 휘어진다.

이 솔기야. 투수가 던진 공은 그냥 날아가는 것이 아니라 빙글빙글 회전하면서 날아가거든. 이때 회전하는 야구공은 주변의 공기 흐름을 바꾸기 때문에 휘어지면서 날아가게 되지. 이러한 현상을 마그누스 효과라고 해. 투수들은 공의 솔기를 잡는 방법과 공을 회전시키는 방향을 조절해서 여러 가지 변화구를 만든단다.

태한: 네, 잘 알겠어요. 야구공에서 가장 중요한 비밀은 솔기라는 말씀이지요? 이제 투수들이 공을 던질 때 어떻게 던지는지 눈여겨봐야겠어요. 지금까지 자세한 설명 감사 드립니다.

야구공: 내가 할 소리! 지금처럼 야구에 계속 관심을 가져 주도록!

가을 호

농구공은 커다란 몸집과는 다르게 매우 부끄러움을 잘 타는 성격인 것 같았다. 눈을 제대로 마주치지도 못하고 말만 꺼내면 금세 얼굴이 붉어지거나 말을 더듬었다.

연 하: 평상시에도 눈에 띄는 외모로 유명하신데요. 다른 공과 다르게 튀는 색깔을 고집하시는 데 특별한 이유라도 있나요?

농구공: 아, 제 외모요! 저 혼자 튀고 싶어서 그런 건 저, 절대 아니고요. 과학적인 이유가 있답니다.

연 하: 공의 색깔을 결정하는 데 과학이 숨어 있다고요?

농구공: 네, 맞아요. 농구장의 바닥은 갈색인데 다른 색깔의 공을 쫓아 오랜 시간 경기를 하다 보면 선수들의 눈은 피곤해져요. 그래서 농구공의 색깔이 경기장과 비슷하면서도 눈에 잘 띄는 주황색인 거예요. 처음에 사용되었던 농구공은 진한 주황색이었는데, 점점 밝은 주황색으로 바뀌었어요. 물론 요즘 여자 프로 농구에서는 팬들에

톡톡 통신

게 즐거움을 주기 위해 색상이 다양한 공을 사용하기도 해요.

연 하: 그냥 화려하게 보이려고 색깔이 들어간 줄 알았는데 특별한 이유가 있었군요. 한 가지 색을 고집하시는 이유를 확실히 알게 되었어요. 그런데 한 가지 더 궁금한 점이 있어요.

농구공: 네, 뭐든 물어보세요.

농구공은 말을 많이 한 것도 아닌데 금세 땀을 흘리기 시작했다. 계속 질문하기가 미안했지만 얼른 물어보고 인터뷰를 후딱 끝내기로 했다.

연 하: 테니스, 탁구, 축구 등에서는 경기마다 모두 새 공을 사용하는데 농구에서는 쓰던 공을 계속 사용한다고 하더라고요.

농구공: 아, 그건 저희가 새 공을 살 돈이 없어서 그런 게 저, 절대 아니고요! 새 공의 겉면이 너무 거칠기 때문이에요. 농구공을 자세히 살펴보면 작은 돌기들이 많이 나 있는 것을 볼 수 있을 거예요. 이 돌기들은 공의 회전을 도와주는 중요한 역할을 한답니다. 그런데 돌기들이 너무 거칠면 공을 바닥에 튀길 때나 패스할 때 정확도가 떨어지고, 또 그와 반대로 돌기가 많이 닳은 공은 잘 미끄러져요. 그래서 적당히 사용한 공이 경기하는 데에는 가장 좋답니다.

연 하: 아하! 그런 이유가! 그런데 바람이 약간 빠진 농구공은 잘 튀어

과학으로 무장한 스포츠 장비

농구공의 작은 돌기들 덕분에
선수는 공의 방향을 조절할 수 있다.

오르지 않던데요.

농구공: 맞아요. 농구공 안에는 공기가 빵빵하게 들어 있어요. 농구도 용수철처럼 '탄성'이 필요하거든요.

연 하: 힘을 주면 모습이 변했다가 다시 원래대로 되돌아가려는 성질 말씀이시죠? 마치 고무줄처럼 말이에요.

농구공: 잘 알고 계시네요. 농구는 바닥에 공을 튕기기도 하고 백보드에 맞춰서 골로 연결시키기도 해요. 공이 튀어 오르는 데에는 공의 탄성과 함께 회전이 아주 중요해요. 회전 없이 바닥에 부딪힌 공은 그 각도 그대로 다시 튀어 올라요. 하지만 선수들이 손목과 손가락을 이용해 공에 회전을 주면서 바닥에 튕기면 공은 전혀 다른 속도와 방향으로 튀어 오르지요. 이 성질을 적절히 이용하면 상대편을 따돌리고 우리 편에게 패스하면서 경기를 잘 이끌어 갈 수 있어요.

연 하: 저도 점심시간에 학교 운동장에서 친구들과 농구를 해요. 앞으로는 좀 더 멋지게 패스하고 골도 많이 넣을 수 있을 것 같아요!

농구공: 도, 도움이 많이 되었으면 좋겠네요.

연 하: 네, 좋은 말씀 감사 드려요!

톡톡 통신

　축구공의 얼굴은 반질반질 빛이 나고 있었다. 왠지 잘나가는 차가운 도시 남자로 보이고 싶어 하는 것 같았다. 자기가 먼저 전화를 걸어서 와 달라고 했으면서……. 아니나 다를까 축구공은 먼저 질문을 던졌다.

축구공: 날 떠올리면 처음 어떤 모습이 생각나지요?

연 하: 음, 하얀색 바탕에 검은색 모양이 군데군데 붙어 있는 모습?

축구공: 바로 그렇죠! 이렇게 조각나 있는 듯한 모양도 디자인 때문만은 아니에요. 12개의 검은색 정오각형과 20개의 흰색 정육각형 가죽 조각, 이렇게 모두 32조각을 연결하면 가장 구에 가까운 축구공을 만들 수 있거든요.

연 하: 디자인에도 과학이 적용되는군요. 그렇다면 축구공에 어떤 과학이 사용되었는지 좀 더 자세하게 알고 싶어요.

축구공: 축구공의 역사는 과학 기술이 어떻게 발전했는지 잘 보여 줘요. 축구공 안에 들어가는 고무의 탄성력이 높아지면서 공의 회전력과 스피드, 반발력공이 튕기는 힘 등이 모두 좋아졌어요.

연 하: 월드컵 공식 축구공이 있다면서요?

축구공: 맞아요. 공식 경기에 사용되는 공을 '공인구'라고 하지요. 1970년 멕시코 월드컵에서 사용한 '텔스타'는 현대 축구공을 대표하는 디자인이 되었어요. 하지만 경기 중에 비가 오면 물을 빨아들여서 점

점 무거워졌어요. 그래서 1978년 아르헨티나 월드컵에서는 '탱고'라는 축구공을 사용했어요. 그 공은 방수_{물이 새거나 스며드는 것을 막음} 기능을 가지고 있었지요. 1994년 미국 월드컵에서는 '퀘스트라'라는 공을 사용했는데 가죽에 공기층을 넣어서 반발력을 높였어요.

연 하: 32개의 가죽 조각은 그대로인가요? 야구공은 2개의 조각만으로도 공을 만들 수 있다고 하던데요.

축구공: 2002년 한·일 월드컵에 사용된 '피버노바'만 해도 가죽 조각의 수는 32개였어요. 그런데 2006년 독일 월드컵부터 14개로 줄이면서 공이 더욱 둥근 모양에 가까워졌지요. 2010년 남아공 월드컵에서 사용한 '자블라니'는 8개의 조각만으로 만들어졌어요. 또한 바느질 대신 열을 이용해 가죽을 붙여서 공기 저항도 줄였지요.

톡톡 통신

연 하: 과학 덕분에 더욱 박진감 넘치는 경기를 볼 수 있는 거네요?

축구공: 그렇죠. 어때요? 이만 하면 다른 공들보다 훨씬 낫지 않아요?

연 하: 아하하, 맞는 말씀이에요. 소중한 시간 내주셔서 감사 드립니다.

축구공: 가는 길 조심하세요, 연하 양.

★ 재성이의 운동왕 노트

골프공이 울퉁불퉁한 이유!

골프는 작은 공을 골프채로 쳐서 홀 컵에 넣는 경기이다. 때문에 한 번에 공을 멀리 날려 보낼 수록 유리하다. 그런데 골프공을 자세히 보면 작은 구멍들이 나 있다. 골프공 겉면에 있는 올록볼록한 자국들을 '딤플'이라고 부른다. 딤플은 야구공에 있는 솔기와 같은 역할을 한다. 공은 날아가면서 점점 속력이 줄어들지만, 솔기와 딤플은 모두 공 표면에 작은 소용돌이가 생기게 해 공기 저항을 줄여 준다. 그렇지만 딤플이 무조건 많다고 해서 공이 잘 날아가는 건 아니다. 보통 골프공 하나에 300개에서 500개 정도의 딤플이 있도록 만들어진다. 일반적으로 딤플의 크기는 보통 지름 1mm에서 5mm 사이이고, 깊이는 0.2mm를 넘지 않는다.

과학으로 무장한 스포츠 장비

월드컵 주인공 공인구 9

매 월드컵마다 새로운 공인구가 등장했어요. 선수와 전 세계 축구팬에게 사랑받았던 공인구들을 만나 보아요.

텔스타 Telstar
1970년 멕시코 월드컵

검은색 오각형 12개, 흰색 육각형 20개, 모두 32개의 가죽을 손바느질해 만들었어요. 월드컵이 세계 최초로 위성 생방송 된 기념으로 '텔레비전 속의 별'이라는 뜻의 이름이 지어졌어요.

탱고 에스파냐 Tango España
1982년 스페인 월드컵

처음으로 가죽과 폴리우레탄으로 만들었어요. 공이 물에 젖더라도 많이 무거워지지 않았어요.

에투르스코 유니코 Etrusco Unico
1990년 이탈리아 월드컵

조금 더 소재가 좋은 인조 가죽으로 만들었어요. 안에 폴리우레탄 폼을 넣어 방수 기능을 높였고, 그때까지 최고로 빠른 속도를 자랑했어요.

트리콜로 Tricolore
1998년 프랑스 월드컵

프랑스 국기의 파랑, 하양, 빨강을 이용해 역대 최초로 원색의 공인구를 만들었어요. 또한 공기층에 거품을 집어넣어 반발력을 더 높였지요.

피버노바 Fevernova
2002년 한·일 월드컵

표면의 반발력이 높아져 공을 더 정확하게 조절할 수 있었어요. 그 결과 공의 진행 방향을 쉽게 예측할 수 있었지요.

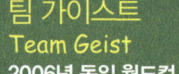

팀 가이스트 Team Geist
2006년 독일 월드컵

조각 수가 32개에서 14개로 줄어들어 더욱 완벽한 구형을 이루었어요. 그 덕분에 조절 능력이 크게 높아졌어요.

브라주카 Brazuca
2014년 브라질 월드컵

월드컵 공인구 사상 가장 적은 6개의 패널을 바람개비 모양으로 합쳐 완벽에 가까운 구체의 모습을 갖추었어요. 3D 패널 기술로 제작된 폴리우레탄 패널로 높은 안정성을 제공해요. 브라주카는 포르투갈어로 '브라질 사람 공동체'를 뜻해요.

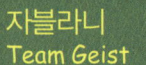

자블라니 Team Geist
2010년 남아공 월드컵

표면에 패널 8개를 조합해 붙인 공이에요. 공 안은 폴리에스터와 라텍스를 섞어서 만들었고, 그 안에 공기 주머니를 넣었어요. 가죽은 압축 스펀지인 에틸렌 비닐 아세테이트로 모양을 만들고 폴리우레탄 필름으로 코팅했어요.

텔스타18 Telstar 18
2018년 러시아 월드컵

월드컵 공인구 50주년을 기념해 첫 공인구 '텔스타'의 이름과 외견을 이어 받았어요. 스마트폰과 근거리 무선통신을 할 수 있는 NFC 칩을 내장해 킥의 속도 측정이나 위치 추적 같은 기능을 이용할 수 있어요.

스포츠 신기록을 세우는 건 인간일까, 과학일까?

올림픽이나 각종 체육 대회에서 금메달 못지않게 관심을 받는 것은 바로 신기록이다. 경기 때마다 새롭게 쓰이는 신기록은 선수들의 땀과 노력이 묻어난 값진 결과이지만 최근에는 '과학'의 도움을 받았다는 사실도 무시할 수 없다.

최근의 수영 부문 세계 기록은 대부분 전신 수영복을 입은 선수들에게서 나왔다. 월드컵에서도 축구장의 특성에 맞는 신발을 신은 팀이 우승하는 경우가 많아졌다. 스케이팅 역시 스케이트 날의 뒤쪽을 분리해서 만든 클랩 스케이트를 사용하고, 새로운 소재로 만든 장대가 쓰인다.

1996년 미국 애틀랜타 올림픽 육상 200m에서 미국의 마이클 존슨은 무게가 겨우 96g인 운동화를 신고 19초 32의 세계 기록을 세우며 금메달을 땄다.

그러다 시드니 올림픽에서 전신 수영복을 입은 선수들이 금메달을 휩쓸자 사람들은 수군거리기 시작했다. 전신 수영복을 구입하지 못한 국가나 선수들에게 매우 불공정하다는 것이었다. 게다가 값비싼 전신 수영복으로 인해 단축된 수영 신기록이 과연 의미가 있는지 의문이 제기되었다. 이에 2010년부터 전신 수영복이 전면 금지되었다.

첨단 과학으로 만들어진 스포츠 용품들은 인간의 한계를 넘어서는 결과를 낼 수 있도록 도와준다. 하지만 과학 기술에 기댄 결과가 진정한 기록이라고 할 수 있을까? 세계 기록은 사람의 힘으로만 낼 때 의미가 있는 것일까, 아니면 과학의 도움을 받아도 좋을까? 만약 과학의 도움을 받는다면 그 한계를 어디까지 인정해야 할까? 과학 기술이 발전하면 할수록 이 논란은 계속될 것이다.

스케이트 날도 종목에 따라 달라!

슝슝~ 날카로운 스케이트 날로 얼음 위를 날아다니는 선수들을 보면 참 신기하지요. 그런데 종목마다 날의 종류가 다르다는 사실을 알고 있나요? 스케이트 날을 사용하는 얼음 위 가족들의 비밀을 밝혀 봐요!

피겨스케이팅

스케이팅 종목 중에서 날이 가장 두껍다. 점프 후 착지할 때 안정감을 높이기 위해서이다. 날 바닥은 평평하지 않은데 가운데는 약간 움푹 패여 있고, 양쪽 가장자리는 날카롭게 솟아 있다. 이 날카로운 두 부분을 '에지'라고 부른다. 에지는 얼음을 파서 균형을 맞추고 강력한 점프를 하는 데 중요한 역할을 한다. 에지는 다른 종목의 스케이트 날에도 있지만 피겨스케이트 날이 가장 깊다.

아이스하키

모양은 투박하지만 가볍고 날쌘 스케이트를 사용한다. 언뜻 보면 앞쪽에 날이 없고 발목이 높아 피겨스케이트화와 비슷하게 생겼지만 재질과 기능에서 큰 차이를 보인다. 충격을 흡수하고 선수의 발을 보호하기 위해 강하고 단단한 소재와 폭신한 스펀지로 만든다. 가벼운 스테인리스 소재의 날은 일단 스케이트화에 부착하면 다시 떼어 내지 못한다. 그리고 피겨스케이트보다 날이 짧고 가벼워서 빠르게 멈추고 방향을 바꾸기가 쉽다.

쇼트트랙

곡선 구간을 빠르고 쉽게 돌기 위해 날을 바닥 쪽으로 약간 볼록하게 만들거나 날의 옆면을 곡선 모양으로 살짝 휘게 만든다. 따라서 몸이 얼음에 붙을 정도로 바짝 누워도 넘어지지 않고 날 전면을 사용해 얼음 위를 미끄러져 달릴 수 있다. 휘는 정도는 스케이터의 실력과 신체적인 조건, 경기장 얼음의 단단한 정도나 편평하고 미끄러운 정도, 코너의 크기에 따라 결정된다.

스피드스케이팅

얼음을 밀치고 몸이 앞으로 이동하는 순간 스케이트화의 뒷굽에서 날이 분리된다. 이때 '탁(clap), 탁'하는 소리가 난다고 해서 '클랩 스케이트'라고도 부른다. 발을 떼어도 뒷굽과 분리된 스케이트 날은 얼음판에 계속 붙어 있기 때문에 끝까지 바닥을 밀어 힘을 낼 수 있다. 또 분리된 날은 탄성 때문에 저절로 스케이트화의 뒷꿈치에 되돌아오므로 체력 소모가 적다.

신기록을 도와주는 다양한 도구들

스포츠 종목이 늘면서 운동선수들이 입는 옷이나 스포츠 장비 등도 점점 발전하고 있어요. 아래 상자 안에 스포츠 경기를 더욱 재미있게 만들어 주는 다양한 도구들이 담겨 있답니다. 도구들은 저마다 자기 자랑을 하느라 바빠요. 둥둥 떠 있는 말풍선을 보고 누구의 말인지 맞혀 보세요.

❶ 난 108개의 솔기를 가졌어. 솔기는 공의 속도가 떨어지는 걸 막고 변화구도 던질 수 있게 해 줘.

❷ 경기 중 갑자기 방향을 바꾸거나 순간적으로 스피드를 낼 때 사용하면 좋아. 미끄러지는 것을 방지하기 위해 스터드도 박혀 있어.

❸ 날 자세히 보면 작은 돌기들이 많이 나 있어. 돌기는 공을 튀기거나 패스할 때 회전을 도와주지.

❹ 난 달리기를 할 때 미끄러지지 않고 앞으로 재빨리 뛰어나가게 도와주지. 내 덕분에 신기록이 많이 나왔다고!

정답: ❶ 야구공 ❷ 축구화 ❸ 농구공 ❹ 스터드 운동화

겨울 호

마음으로 보는 스포츠

겨울 호

별난 기자단의 톡톡 통

기획기사 불안과 금메달을 동시에 잡는 법!

선수들의 적, 불안과 스트레스! 어떻게 잡을까?
양궁 대표팀의 금빛 꿈을 이뤄 준 특별 정신 훈련법 대공개

톡톡 사설 폴 박사님의 특별한 편지

국제 스포츠 중재 재판소에서 날아온 편지
폴 아저씨의 건강한 스포츠 정신 이야기

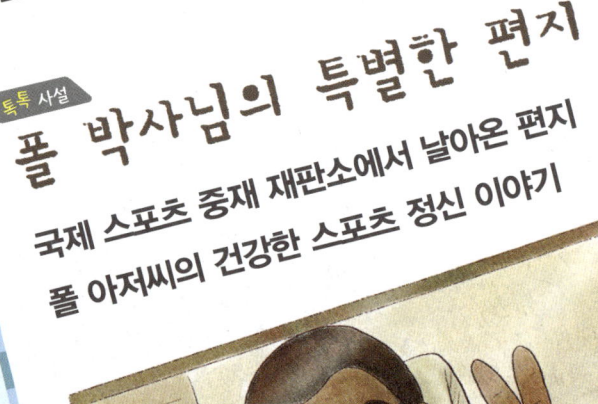

기획 인터뷰
편파 판정, 빨리 잊는 팀이 이긴다!

편파 판정 시비에 휘말린
김 모 심판과의 인터뷰
'억울한 판정을 받았을 때는
어떻게 해야 할까?'
나박사 교수님의 명쾌한 해결책

톡톡 통신

기획 기사 불안과 금메달을 동시에 잡는 법!

> 흐흐흐, 지금까지 너희 어린이 기자단이 쓴 기사를 재미있게 읽었어. 하지만 나의 존재를 잊고 있는 것 같아 이렇게 편지를 보내. 아무리 신체 조건이 뛰어나고 첨단 복장과 도구로 무장한다고 해도 날 이기지 못하면 말짱 꽝이라고. 경기장에 발을 디디지도 못할 뿐더러 오줌까지 지리고 말걸! 내가 누구냐고? 사람들은 날 '불안'이라고 부르더군. 어때, 나에 대한 흥미가 솔솔 생기지 않아? 기다리고 있을 테니까 잘 찾아와 보라고, 흐흐흐!

지난 주 어린이 기자단 앞으로 날아온 의문의 편지 한 통. 지금까지 기자단이 열심히 취재한 내용들이 자칫 잘못하면 아무 소용없게 된다니……. 운동선수에게 찾아오는 '불안'이 무엇이기에 저렇게 뺑뺑 큰소리를 치는 걸까? 평소 자신이 입는 첨단 과학 장비에 자신감이 넘쳤던 박태한 기자는 저 편지를 읽고 유난히 기분 나빠 했다. 그러고는 편지를 보낸 '불안'이란 녀석을 꼭 찾아내 정체를 밝히겠다며 벌떡 일어섰다.

불안은 마음이 편하지 못하고 조마조마한 상태를 말한다. 불안은 경기를 잘 펼칠 수 없게 만들 뿐만 아니라 심하면 선수 생활을 그만 두게 하기도 한다. 1960년대 미국 메이저리그 피츠버그의 간판 투수였던 스티브 블래스는 팀의 에이스로 활약했다. 하지만 어느 날 갑자기 공이 생각대로 던져지지 않았고 성적은 빠른 속도로 곤두박질치고 말았다. 얼마 지나지 않아 결국 블래스는 선수 생활을 그만둘 수밖에 없었다. 단순한 슬럼프운동선수의 실력이 계속 떨어지거나 나쁜 상태였을지도 모르는데 공을 더 이상 제대로 던지지 못할 것이라는 부정적인 생각이 조금씩 커져 마침내 진짜로 선수 생활을 할 수 없는 지경에까지 이르렀던 것이다.

올림픽 같은 최고 수준의 국제 스포츠 경기에서 선수 간 실력 차이는 그리 크지 않을 때가 많다. 실력도 중요하지만 자신의 불안감을 어떻게

사격이나 양궁같이 멀리서 정확히 과녁을 맞추어야 하는 경기는 자신의 감정 상태에 크게 영향을 받는다.

조절하느냐에 따라 경기 결과가 달라진다. 스포츠 심리학에서는 불안의 정도와 경기력의 관계를 밝혀냈다. 시합 때 생기는 약간의 긴장감은 경기를 하는 데 도움을 주지만 적절한 수준을 넘어서면 오히려 안 좋은 영향을 끼친다. '적절한 수준'이라는 것은 운동 종목에 따라 조금씩 다르다.

양궁, 사격, 골프 등 집중력이 필요한 종목에서는 조금의 불안감만으로도 시합을 망칠 수 있다. 하지만 포환던지기 같은 종목은 다른 종목에 비해서 불안이 끼치는 영향력이 적다. 또한 최고 성적을 내는 데 필요한 긴장감은 개인에 따라서도 차이가 난다. 하지만 영향력이 크고 작음을 떠나 모든 선수가 얼마나 안정된 마음을 가지고 경기를 하느냐에 따라 경기 결과는 크게 달라진다.

메달 유망주_{어떤 분야에서 성공할 가능성이 많은 사람}들은 공통적으로 경기에서 지면 절대 안 된다는 생각이 다른 선수에 비해 강하다. 그리고 그만큼 불안감이나 부담감을 많이 느낀다. 선수마다 불안감을 표현하는 방식이 다른데 어떤 선수는 옷자락이나 얼굴을 계속

만지작거리기도 하고, 어떤 선수는 주변을 이리저리 둘러보기도 한다. 그래서 전문가들은 선수별 '맞춤 상담'을 제안한다. '부모님이나 이성 친구 등 사랑하는 사람을 생각하면 힘이 솟는다'는 선수부터 '아무 생각이

★ 태한이의 잘난 척 노트

응원 도구가 선수의 심리에 어떤 영향을 미칠까?

2010년 남아프리카공화국 월드컵에서 '부부젤라'라는 응원 도구가 논란의 대상이 되었다. 아프리카 전통 악기인 부부젤라는 길이 60~130cm 정도 되는 플라스틱 나팔이다. 이 악기는 고음이 쉼 없이 계속돼 불편한 소음을 만들고, 멀리까지 들리기 때문에 다른 소리들을 모두 집어 삼켜 다른 응원단이 큰 소리로 응원을 해 봐야 아무 소용이 없게 된다(화이트 노이즈 효과). 여러 나라들이 항의를 했지만 국제축구연맹(FIFA)은 부부젤라를 아프리카 문화의 한 부분으로 인정할 수밖에 없었다.

그렇다면 응원은 선수들에게 어떤 효과가 있을까? 몸이 피로해지면 집중하는 능력이 떨어지는데, 응원 소리는 집중을 높여 주는 효과가 있다고 한다. 반면, 상대팀을 향한 적대적인 응원은 선수들의 심리를 불안하게 만들어 시야를 좁게 만든다. 이처럼 조그만 실수 하나에 승리와 패배가 갈리는 운동 경기에서 응원은 시합 결과를 바꾸는 아주 중요한 요소가 된다.

안 나야 경기가 잘된다'는 선수까지 최고의 기량을 발휘할 수 있도록 개개인에 맞는 '마인드 컨트롤_{자신의 감정을 조절하는 능력}' 훈련을 한다.

 마인드 컨트롤 이외에 평소부터 실전과 똑같은 조건에서 훈련하는 방법이 있는데 이를 '루틴routine'이라고 부른다. 예를 들어, 세계적인 골프 선수 타이거 우즈는 '경기 시작 75분 전에 골프장에 도착하고, 시계 반대 방향으로 8자를 그리며 잔디밭을 돌아 공을 치는' 행동을 훈련이나 실전에서 모두 따랐다. 마린 보이 박태환 선수 역시 물에 뛰어들기 직전까지 음악을 듣는데 이 역시 루틴 가운데 하나이다. 평소부터 실전까지 똑같은 루틴을 따르다 보면 선수들은 스트레스를 느낄 틈도 없이 경기에만 집중할 수 있다고 한다.

 우리나라 양궁은 지금까지 참가한 올림픽에서 가장 많은 메달을 딴 효자 종목이다. 우리나라 양궁 대표 팀은 전 세계인이 인정하는 세계 최강 팀이다. 올림픽 금메달을 따기보다 우리나라 국가대표가 되는 일이 더 힘들다는 말이 나올 정도이다. 이 때문에 한국 양궁을 배우고 싶어 하는 나라들이 늘어나고 있다. 우리나라 양궁 팀이 세계 정상에 서게 된 비결은 무엇일까? 다양한 이유가 있겠지만 그 가운데에서도 강한 정신력을 가장 큰 이유로 꼽는다. 여기에는 양궁 대표 팀만의 독특한 훈련법이 중요한 역할을 했다.

2012년 런던 올림픽을 준비하면서 양궁 대표 팀은 야구장에서 훈련을 했다. 왜 많고 많은 훈련장 가운데 굳이 야구장을 선택했을까? 올림픽과 같은 큰 경기에서 맞닥뜨리는 긴장감을 가장 비슷하게 경험할 수 있는 곳이 바로 야구장이라고 한다. 대형 전광판에 자신의 모습이 비치고 관중의 함성과 갖가지 소음이 동시에 들리면 누구나 긴장하고 흥분하게 된다. 그런 상황에서 자신의 감정을 잘 조절하는 것이 훈련의 핵심이다. 지금까지 메달을 딴 양궁 선수들을 대상으로 '가장 효과가 컸던 훈련을 꼽아 달라'는 설문에서 가장 많이 나온 답변이 바로 '야구장 훈련'이었다고 한다.

이외에도 한라산을 오르거나 영하 17도 혹한 속에 한강을 따라 수십 킬로미터를 걸으며 정신력을 강하게 키우기도 한다. 제주도 서귀포에서 강한 바람을 맞으며 훈련할 때도 있다. 이 모든 훈련은 경기 당일 날 날씨에 상관없이 당황하지 않고 차분히 경기를 진행하기 위해서이다.

비록 최근에는 하지 않지만 1990년대 초반까지만 해도 살아 있는 뱀을 목에 감거나 공동묘지에 다녀오는 담력 훈련을 했다고도 한다. 불과 1, 2점 차이로 메달 색깔이 바뀌는 양궁에서는 기술 못지않게 강한 정신력이 중요하기 때문이다. 20년 넘게 세계 최강을 지키는 한국 양궁에는 이처럼 선수들의 힘든 노력이 숨어 있다.

swimming@dongacho.es.kr
박태한 기자

톡톡 통신

기획 인터뷰 편파 판정, 빨리 잊는 팀이 이긴다

　기자는 경기 때마다 자주 일어나는 심판의 편파 판정_{한 팀에게만 유리하게 심판을 보는 일}과 이에 따른 선수들의 심리를 알아보기 위해 기획 인터뷰를 준비했다. 지난번 경기에서 편파 판정 시비_{옳다 틀리다 하는 말다툼}에 휘말린 김 모 심판(본인의 요구로 실명은 밝히지 않는다)을 모시고 그 당시 경기 내용에 대해 들어보기로 했다. 또한 한국체육대학교에서 스포츠 심리학을 연구하고 계시는 나박사 교수님을 모시고 '심리적으로 부담이 되는 경기에서 어려움을 극복하는 방법'이라는 주제로 얘기를 나누어 보았다.

재 성: 안녕하세요? 이름을 밝히지 않으신 한 분과 나박사 교수님, 함께 해 주셔서 감사 드립니다.

나박사: 별 말씀을요.

심 판: 아, 이거 실명 안 나가게 조심 좀 해 주세요, 흠흠.

재 성: 너무 걱정하지 않으셔도 돼요. 오늘은 경기 중에 왜 항상 편파 판정 시비가 일어나는지 그 이유에 대해 알고 싶어서 모셨습니다. 특히 경기가 치러지는 개최국과 시합을 할 때면 항상 편파 판정 논란이 있잖아요.

겨울 호

심 판: 뭐, 네, 흠. 계속 이야기해 보세요.

재 성: 그렇게 불리한 판정을 받으면 선수들은 어떤 기분이 들까요?

심 판: 아, 흠, 불리한 판정을 받은 선수들은 엄청 화가 나겠지요. 거 당연한 거 아닙니까? 특히 원정 경기 상대 팀을 대표하는 도시나 경기장에서 하는 경기를 하게 되면 상대 편 관중의 압도적인 응원으로 많은 부담감을 안고 경기를 하지요. 그런데 심판마저 상대 팀에게 유리한 판정을 내리면 엄청 화가 나겠지요.

재 성: 사소하더라도 심판의 편파 판정이 계속되면 결국 경기력에 영향을 줄 수도 있겠네요.

심 판: 그렇죠. 중요한 승부의 갈림길에서 잘못된 심판의 판정으로 경기가 불리해지면 당연히 경기력이 나빠지겠죠. 그런데 말이죠, 편

원정 경기를 하는 팀은 관중석의 대부분이
상대 팀을 응원하기 때문에 부담을 가지고
경기를 하게 된다.

파 판정과 판정 실수는 구분해야 할 필요가 있습니다. 편파 판정은 일부러 어느 한 팀을 이롭게 한다는 점에서 도덕적이지 못한 행동이라고 할 수 있어요. 하지만 판정 실수는 심판이 기계가 아닌 이상 경기를 진행하다 보면 우연히 일어날 수도 있거든요. 물론 편파 판정이 옳다는 건 아닙니다. 그저 무조건 '편파 판정'으로 몰고 가는 것에 대해서도 생각해 봐야 한다는 거죠. 많은 선수들이 심판의 편파 판정보다는 그로 인해 심판에게 거칠게 항의하면서 화를 다스리지 못한 채 경기를 진행하다가 오히려 경기를 망치지 않습니까?

재 성: 그럼 심판보다 선수들의 책임이 더 크다는 건가요?

심 판: 아니, 꼭 그렇다기보다는…….

재 성: 아, 말씀은 잘 이해했어요. 하지만 편파 판정을 받는 선수나 팀은 정말 억울한 거잖아요. 나중에라도 바로 잡을 수는 없나요? 편파 판정이 일어난 사례를 제가 조사해 봤는데 꽤 많더라고요. 특정 심사 위원이 점수를 적게 준다던가, 축구에서 손에 맞고 들어간 공이 골로 인정돼서 상대 팀 대신 월드컵에 진출했다거나…….

심 판: 국제 스포츠 중재 재판소라는 기관이 있습니다.

재 성: 아, 들어 본 적이 있어요.

심 판: 그곳은 심판이 공정하지 않은 판정을 했을 때 경기를 다시 분석해

서 판정을 바로 잡는 일을 해요. 그 결과 경기를 다시 치르는 경우도 있어요. 예를 들어 2008년 베이징 하계 올림픽 핸드볼 남자 경기에서 심판의 편파 판정이 있었어요. 중재 재판소는 경기를 철저하게 분석했고 그 결과 편파 판정이라는 증거가 나타나 예선전을 다시 치렀습니다.

재 성: 처음부터 편파 판정이 일어나지 않았다면 선수들이나 관중들의 기분이 상할 일은 없었을 텐데요.

심 판: 그야 그렇죠…….

김 모 심판은 질문 하나 하나에 계속 찔리는 점이 있는지 인터뷰 내내 얼굴을 붉히며 대답했다. 기자는 이쯤 하고 나박사 교수와 새로운 인터뷰를 진행하기로 했다.

재 성: 경기를 할 때 자신에게만 불리한 상황이 일어났다면 화를 내지 않는 것이 오히려 이상할지도 몰라요. 하지만 계속해서 경기를 진행해야 하는데 조금 더 잘 치를 수 있는 특별한 비법이 있을까요?

나박사: 불공평한 상황이라면 누구나 스트레스를 받지요. 침팬지도 불공평한 대우를 받으면 스트레스를 받는다는 연구 결과도 있거든요.

재 성: 아, 침팬지도요?

나박사: 네, 미국의 사라 브러스넌 박사는 이 연구 결과를 토대로 아주 오래전부터 영장류는 '공평'하게 대우 받고 싶어 했고, 이건 자연스러운 본능이라고 주장했어요.

재 성: 네? 영장……류요? 무슨……. 흠흠, 이야기가 좀 멀리 가는 것 같네요. 다시 편파 판정 이야기로 돌아와서요. 그때 생기는 스트레스에 대처하는 특별한 방법이 있다면 알려 주세요.

나박사: 오호호, 네. 일본의 스포츠 심리학자 다나카 미야코 박사는 여러 가지 스트레스 상황에 대처하기 위해 '코핑coping'이라는 방법을 제안했어요.

재 성: 코핑이라고요? 그게 뭔가요?

나박사: 심리학 용어인 코핑은 '스트레스와 같은 어려운 상황에 맞서는 방법'이라는 뜻이에요. 미야코 박사는 1988년에 열린 서울 올림픽에서 싱크로나이즈드 스위밍 음악에 맞추어 물속에서 춤을 추는 경기 부문

에 출전해 동메달을 딴 운동선수였어요. 박사는 선수 생활을 은퇴한 뒤 직접 겪었던 스트레스를 이겨내기 위해 스포츠 심리학을 연구하게 되었다고 해요.

재 성: 정말 스트레스를 극복할 수 있나요?

나박사: 미야코 박사는 과거의 작은 실수가 생각나더라도 크게 주눅이 들 필요가 없다고 말해요. '고민해도 과거는 달라지지 않으므로 지금 상황에서 내가 할 수 있는 건 무엇인가'와 같은 긍정적인 생각을 하면 스트레스를 이길 수 있다고 주장하지요. 심판의 편파 판정이 있을 때 흥분해서 항의하거나 화를 내기보다는 미야코 박사의 말처럼 '얼른 잊고 긍정적인 생각을 하는 것'이 가장 좋습니다.

재 성: 잊는다고요?

나박사: 네. 편파 판정이 이미 일어난 후에는 어떤 방법으로도 선수가 판정을 바꿀 수는 없어요. 따라서 우선 되도록 빨리 잊고 곧 바로 진행되는 경기에 집중하는 것이 결과적으로 스트레스를 줄이고 경기 결과에도 훨씬 더 도움이 되거든요. 실제로 현장에서도 감독이나 코치는 선수들에게 편파 판정 따위에 흔들리지 말고 경기에 계속 집중하라고 조언해요.

재 성: 그렇게 하려면 정신력이 엄청 강해야 할 것 같은데요?

나박사: 호호, 물론 힘든 일이지요. 그래서 최근의 스포츠에서는 '마인드

컨트롤'이라는 단어를 무엇보다 많이 쓴답니다. 마인드 컨트롤이란 자신의 감정을 조절할 수 있는 능력을 말해요. 성공과 실패는 이 마인드 컨트롤에 달려 있다고 해도 틀린 말은 아니에요.

재성: 그럼 마인드 컨트롤을 잘하려면 어떻게 해야 하죠?

나박사: 우선 평소에 훈련이 되어 있어야 하겠지요? 먼저 자신의 성격에 대해 잘 알고 있어야 해요. 상대방과 비교하기보다는 자신의 장점과 단점을 적어 보고 객관적으로 자신을 바라보는 연습을 해 보세요. 실수했던 일을 계속 떠올리기보다는 되도록 빨리 잊고 새롭게 시작하는 자세가 가장 중요해요. 그리고 포기하거나 실망하기보다는 끝까지 자기 자신을 믿는 것 또한 필요하지요. 그러면 어떤 상황에서도 감정을 다스릴 수 있는 멋진 선수가 될 거예요.

재성: 경기를 앞두고 있는 선수들이 꼭 기억해야 할 점이네요. 물론 편파 판정이 없는 공정한 시합이 가장 좋겠지만 말이에요.

심판: 왜 저를 쳐다보세요?

재성: 으흠, 박사님, 경기에 도움이 되는 좋은 말씀 감사합니다.

나박사: 네, 저도 좋은 시간이었어요. 스포츠 심리학에 대해 궁금한 점이 있으면 언제든지 물어보셔도 괜찮아요.

soccer@dongacho.es.kr
박재성 기자

겨울 호

톡톡 사설 폴 박사님의 특별한 편지

> 얼마 전 어린이 기자단은 국제 스포츠 중재 재판소에서 일하고 계시는 폴 박사님으로부터 편지를 한 통 받았습니다. 번역은 '스포츠 과학 전문가'라고 누구에게나 강조하시는 차분한 체육 선생님의 도움을 받았습니다. 혹시 원본과 비교하며 영어 공부를 하고 싶으신 분(혹은 번역이 조금 이상하다고 생각하시는 분)은 교무실에서 차분한 체육 선생님을 찾아 주시기 바랍니다.
>
> 김연하 기자

안녕하세요, 한국의 어린이 여러분.

저는 국제 스포츠 중재 재판소에서 일하는 폴이라고 합니다. '국제 스포츠 중재 재판소'는 편파 판정, 약물 도핑(선수가 좋은 성적을 내기 위해 금지된 약을 먹는 일), 선수 자격 정지 등 여러 국제 대회에서 일어나는 문제를 해결하는 곳이에요. 저는 오늘 여러분에게 진정한 스포츠 정신에 대해서 이야기하려고 합니다.

사람들이 서로 '공격'하는 행동이 이상하게 보이지 않고 오히려 많은 사람들에게 응원을 받는 일이 바로 스포츠일 거예요. 선수나 관중 모두 때때로 거친 말이나 행동을 하고, 가끔씩 물병이나 응원 도구를 집어던지는 등 해서는 안 되는 일을 하는 경우도 있지요.

스포츠에서 중심이 되는 것은 바로 '경쟁'입니다. 경쟁에는 당연히 공격성이 숨어 있어요. 왜냐하면 승리를 하면 말로 표현하기 힘들 정도로 기쁘고, 심지어 부와 명예까지 얻을 수 있기 때문이지요. 반대로 패배를 하면 마음이 견디기 힘들고 쓰라립니다. 때때로 다른 사람들에게 원망을 듣기도 하지요. 그래서 선수들은 이기기 위해서 부정적인 방법을 사용하거나 행동에 옮기지 않는다고 해도 심각하게 갈등할 때도 있습니다.

시합에서 선수들은 상대방에게 일부러 혹은 자신도 모르게 피해를 줄 수 있습니다. 만약 선수들의 이러한 공격적인 행동이 인정받는 것뿐만 아니라 상까지 받게 된다면 선수들은 또다시 공격성을 나타낼 확률이 높아요. 비록 그것이 잘못된 일이라는 것을 알아도 말이지요.

예를 들어 볼까요? 야구에서 종종 투수는 타자의 기를 꺾기 위해서 일부러 타자를 위협하는 '빈볼bean ball'을 던집니다. 만약 그 위협이 조금 심했더라도 주심이 그냥 넘어갔다면 투수는 한 번 더 빈볼을 던지지요. 이번에는 아슬아슬하게 타자를 맞힐 뻔합니다. 그때 주심은 두 가지 결정을 내릴 수 있습니다. 하나는 주의만 줄 뿐이고 다른 하나는 투수를 바로 퇴장시키는 일이지요. 만약에 주의만 주었다면 그 투수는 물론이고 다른 투수들까지 빈볼에 대해 심각하지 않게 생각할 거예요. 그럼 승리를 위해서 다시 빈볼을 던지고 결국 타자를 다치게 할 수도 있지요. 하지만 퇴장이라는 처벌을 한다면 투수들은 웬만해서 빈볼을 던질 생각을 하지 않을 거예요.

　따라서 올바른 스포츠 경기가 진행되려면 선수뿐만 아니라 지도자와 심판 그리고 관중의 역할이 모두 중요합니다. 올바르지 못한 행동으로 경기에서 이기려는 행동을 주위에서 막아 주는 일이 반드시 필요해요. 단순히 상대방을 이기고 좋은 결과를 얻는 것만이 스포츠의 목적이 아닙니다. 스포츠는 도덕성과 사회성을 키우는 수단으로 활용되어야 하지요. 한국에 있는 모든 어린이들이 건강한 정신을 가진 선수와 감독, 심판 그리고 관중이 되기를 바랍니다.

연하의 똑똑한 노트

운동 경기에서 경고 카드는 언제부터 사용되었을까?

선수가 한 경기에서 옐로카드를 2장 받거나 레드카드 1장을 받으면 바로 퇴장해야 한다.

스포츠 정신에 맞지 않게 과격한 플레이를 하는 선수에게는 옐로카드 또는 레드카드가 주어진다. 이 카드들은 누가 언제 만들었을까? 경고 카드를 처음 생각한 사람은 영국의 교사이자 축구 심판이었던 케네스 조지 아스톤(1915~2001)이었다. 1962년과 1966년 월드컵에서는 선수들의 격렬한 몸싸움과 편파 판정 시비가 끊이지 않았다. 그때까지 '경고 카드'가 없었기 때문에 심판은 큰 소리로 퇴장 명령을 내리고 그 이유를 이해시키느라 진땀을 뺐다. 아스톤은 이런 문제를 어떻게 해결할까 고민하다가 신호등에서 힌트를 얻었다. 그는 바로 경고를 의미하는 '옐로카드'와 퇴장을 의미하는 '레드카드'를 만들자는 아이디어를 영국 축구 협회에 제안했고 1970년 멕시코 월드컵부터 사용되었다. 지금은 다른 구기 종목에서도 경고 카드가 사용된다.

땅에 떨어진 스포츠 정신을 찾아라!

사람들은 스포츠가 몸을 건강하게 할 뿐만 아니라 정신과 마음에도 긍정적인 효과를 준다고 믿는다. 하지만 요즘에는 스포츠의 부정적인 면이 많이 부각되어 사람들의 걱정과 우려가 높아지고 있다.

2002년 미국의 솔트레이크시티 동계 올림픽에서 스포츠 정신과 거리가 먼 일들이 벌어졌다. 뛰어난 경기를 펼친 팀이 실수를 저지른 팀에게 금메달을 빼앗기는 사태가 일어난 것이다. 사람들은 심판들을 의심했고 결국 공동 금메달이 수여됐다. 또 다른 사건으로 한 선수가 경기 전에 금지 약물을 복용한 것으로 의심받아 출전 금지를 당했다. 그러자 그 선수의 국가는 대회가 끝나지 않았음에도 선수단 전체를 철수시키겠다는 으름장을 놓았고, 오히려 주최 측이 사과할 수밖에 없었다. 우리나라도 예외는 아니었다. 쇼트트랙 남자 부문 1000m 경기에서 우리나라 선수가 다른 나라 선수의 의도성 반칙으로 넘어졌지만 구제되지 못하였다. 또한 1500m에서는 1위로 골인했지만 미국 선수의 과장된 몸짓으로 금메달을 빼앗기는 경우도 있었다.

선수들도 약물 유혹에 시달린다. 최고의 선수들이 겨루는 올림픽에서 조금이라도 좋은 몸 상태로 실력을 발휘하는 것은 모든 선수의 희망이다. 하지만 그 마음이 지나쳐서 가끔은 정직하지 못한 방법으로 좋은 기록을 내려는 경우가 있다. 미국의 한 스포츠 잡지가 국가대표 육상 선수를 대상으로 '이 약을 복용하면 확실히 금메달을 딸 수 있는 대신 부작용으로 7년 뒤 사망한다. 당신은 복용할 것인가?'라는 설문 조사를 진행했다. 결과는 놀랍게도 80%의 선수들이 약물을 복용하겠다고 답했다.

특히 호르몬의 성분이기도 한 스테로이드 약물은 종류도 많고 효과도 빨리 볼 수 있어서 자주 이용된다. 스테로이드 물질은 근육을 빨리 만들어 주어 단기간에 좋은 기록을 낼 수 있도록 도와준다. 현재 국제 스포츠 기구는 200종 이상의 금지 약물 목록을 정하고 엄격하게 검사하고 있다. 이렇게 약물 복용을 엄격히 제한하는 이유는 공정하지 못한 것일 뿐만 아니라 선수 본인을 위해서이기도 하다. 금지 약물인 스테로이드를 오랫동안 사용할 경우 심장에 무리를 주어서 심할 경우 생명까지 빼앗길 수 있다. 또한 도핑 검사를 피하기 위해 만든 최신 약물일수록 부작용이 알려져 있지 않아 훨씬 더 위험하다.

선수들뿐만 아니라 관중들도 공격적인 행동을 보일 때가 있는데, 크게 보면 응원도 공격적인 행동의 하나이다. 하지만 정상적인 응원 이외에 상대 팀을 향해 욕을 하거나 위험한 물건을 집어던지는 일도 있다. 관중들의 잘못된 관람 문화를 보여 주는 대표적인 모습이 바로 '훌리건'이다. 훌리건은 축구장에서 난동을 부리는 사람들을 일컫는 말로, 영국에서 처음 생겨났다. 훌리건의 행동은 점점 심해져 상대 팬들을 공격하거나 축구장의 기물을 망가뜨리는 등 매우 위협적인 행동을 보이는 경우도 많다.

스포츠는 한 나라의 사회와 문화를 엿볼 수 있다. 경쟁만을 강조하는 사회는 부정적인 방법을 사용해서라도 승리를 얻으려 하는 사람들을 점점 더 많이 만들어 낸다. 뿐만 아니라 선수의 가치를 돈으로만 평가하는 것도 무척 조심해야 할 일이다.

최초의 올림픽 수영 시합에서는 배를 타고 바다 한가운데로 나가 선수들을 물속에 떨어뜨렸다. 그리고 일정 지점까지 누가 먼저 헤엄쳐 오는지만 가려냈다. 걸리는 시간은 크게 신경 쓰지 않았다고 한다. 오늘날처럼 0.01초를 두고 경쟁하지는 않았다는 말이다. 물론 그 당시에도 순위는 중요했겠지만 지금처럼 경쟁만을 강조한 것은 아니었을 게 분명하다. 올바른 스포츠 정신이 무엇인지 기억하고 그 정신을 지키기 위해 노력하는 모습이야말로 진정한 스포츠 인이 되는 길이 아닐까?

웃어야 해? 울어야 해?

전 세계인이 즐기는 국제 스포츠 경기는 프로 선수들의 진지한 활약도 많았지만 웃어야 할지 울어야 할지 아니면 화를 내야 할지 모를 황당한 사건들도 많았어요. 국제 스포츠 경기의 뒷이야기를 살짝 들여다볼까요?

세상에서 가장 긴 마라톤

1912년 스웨덴 스톡홀름 올림픽에서는 세상에서 가장 긴 마라톤 기록이 발생했다. 당시 일본 대표로 참가한 시조 가나구리 선수는 경기 도중 몸이 좋지 않아 시합을 포기하고 치료를 받았다. 그런데 이 상황이 대회 측에 전달되지 않아 공식적으로 기권이 아니라 '행방불명'으로 처리가 되었다. 54년이 지난 1966년 스웨덴 올림픽 위원회에서는 실종된 줄 알았던 가나구리 선수가 일본에 산다는 사실을 알게 되었고 올림픽 개최 54주년 기념 행사에 초대했다. 이 행사에서 가나구리 선수는 미처 완주하지 못한 마라톤 경기를 끝냈고 54년 8개월 6일 8시간 32분 20.3초라는 긴 기록을 남겼다.

내 장대 어디 갔어?

경기를 코앞에 두고 장대를 잃어버린 장대높이뛰기 선수가 있다! 2008년 베이징 올림픽에 참가한 브라질 대표 선수 파비아나 뮤러레는 항상 들고 연습했던 장대가 올림픽 조직위원회의 실수로 사라진 것을 발견했다. 분실 신고를 했지만 자신이 뛰는 순간까지 장대는 나타나지 않았다. 결국 예비용 장대로 시합을 치렀지만 성적은 잘 나오지 않았고, 대회가 다 끝나고 난 뒤에야 장대를 찾을 수 있었다. 경기가 끝난 후 뮤러레는 한 마디를 남겼다. "다시는 중국에 오기 싫다."

올림픽 수영 예선전에서 개헤엄을?

2000년 시드니 올림픽 남자 100m 자유형 예선전에 참가한 서아프리카 기니 출신의 에릭 무삼바니 선수는 개헤엄을 쳐 스타(?)가 되었다. 개헤엄이란 고개를 밖으로 내밀고 손과 발을 저어가며 앞으로 나가는 헤엄 방법. 개 또는 다른 동물들이 수영하는 것 같다고 하여 '개헤엄'이라고 불린다. 그는 해수욕장에서 입는 헐렁한 사각 수영복을 입고 다른 선수보다 1분 이상 뒤지는 1분 52초 72를 기록했다. 전날 200m 기록보다도 7초나 뒤진 기록이었다. 게다가 결승선을 10m 남짓 남겼을 때에는 잠시 쉬었다가 다시 시작해 경기장을 웃음바다로 만들었다는 소문! 수영 경력이 9개월 밖에 되지 않았던 그는 인터뷰에서 "빠져 죽지 않으려고 완주했다"는 유명한 말을 남겼다. 결과야 어떻든 최선을 다해 완주한 그에게 모두 뜨거운 박수를 보내 주었다고.

10대 0으로 졌다고? 황당한 오보사건

월드컵이 아니라면 믿기 힘든 오보_{잘못 보도함}사건도 있다. 1950년 브라질 월드컵에서 축구 강국이었던 잉글랜드가 당연히 이길 것이라고 생각했던 미국에 0대 1로 패배하고 말았다. 그러나 잉글랜드 신문사와 방송사들은 축구 강국인 자기네 팀이 미국에 졌을 리가 없다고 생각했다. 경기 기록이 잘못 보도되었을 것이라고 생각한 그들은 1대 0으로 승리했다고 바꾸어 보도를 해 버렸다. 그런데 미국 언론은 잉글랜드보다 한 술 더 떴다. 잉글랜드와 그렇게 적은 점수 차로 진 것이 불가능하다고 생각해 버린 것. '0'이 하나 빠졌을 거라고 생각한 미국의 대표적인 신문인 《뉴욕타임스》는 미국이 10대 0으로 크게 패배했다고 보도했다!

어떤 단어가 숨어 있을까?

겨울호에서는 스포츠 심리와 스포츠 정신에 관한 새로운 단어가 많이 나왔어요. 잘 기억하고 있는지 퍼즐을 풀면서 확인해 봐요. 아래에서 설명하는 단어들은 모두 표 안에 숨어 있어요. 단어들을 찾아 표시해 보세요!

① 훈련과 실전에서 똑같이 반복하는 행동
② 심판이 한쪽 편에 치우쳐 경기를 진행하는 것
③ 상대방의 경기장에서 하는 게임
④ 자신의 감정을 조절할 수 있는 능력
⑤ 다른 소리를 집어 삼켜 안 들리게 만드는 효과

양	말	승	강	구	루	우
서	궁	마	편	비	틴	로
피	녀	인	지	파	톤	가
리	아	드	세	미	판	원
에	어	컨	서	홍	사	정
화	이	트	노	이	즈	경
풀	오	롤	휴	포	몽	기

정답 1 루틴 2 편파 판정 3 원정 경기 4 마인드 컨트롤 5 화이트 노이즈

특별호

모두를 위한 스포츠 과학

특별 호

별난 기자단의 톡톡 통신

쏙쏙 정보코너
운동하기 전 이것만은 알아 두자!

달리기를 하면 왜 심장이 뛰고 땀이 나는 것일까?
동아어린이병원 성공남 원장님의 신기한 몸 이야기

현장 스케치
우리 모두를 위한 스포츠 과학

한강은 모든 사람의 운동장!
사람들이 한강에서 어떤 운동을 즐기는지 취재를 떠나 봅니다.

기획 인터뷰
건강 다이어트 비법은 스포츠 과학?

몇 년간 뚱보라고 놀림 받던 나건강 군 6개월 만에 홀쭉이가 된 사연! 기적의 다이어트 비법 공개!

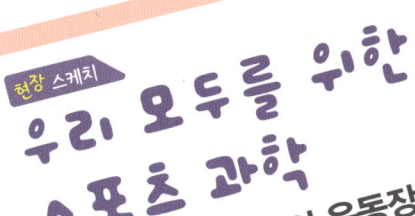

톡톡 통신

쏙쏙 정보 코너 운동하기 전 이것만은 알아 두자!

> 올봄부터 지금까지 거의 1년간 어린이 기자단은 운동선수의 몸, 첨단 복장과 도구에 숨은 과학 원리, 스포츠 심리학 등 여러 분야에 걸쳐 다양한 기사를 다루었다. 그런데 취재를 진행하는 동안 우리 머릿속을 계속 맴돌았던 질문이 하나 있었다. 운동선수가 아니거나 운동선수를 준비하는 초등학생에게도 스포츠 과학이 큰 의미가 있을까? 이 물음에 답하기 위해 동아어린이병원 원장님의 특별 기고문을 싣는다.
>
> —편집부

성공남 원장님

안녕하세요? 어린이 여러분.

저는 동아어린이병원 성공남 원장입니다. 우리가 살아가는 데 건강은 무엇보다 중요하지요. 공부를 열심히 하는 것도 좋지만, 일단 몸이 건강해야 무엇이든지 열심히 할 수 있어요. 그럼 건강해지려면 어떻게 해야 할까요? 먼저 올바른 식습관과 운동이 꼭 필요해요. 그리고 운동할 때 우리 몸에 어떤 일이 일어나는지 안다면 다치지 않고 더 효율적으로 운동할 수 있을 거예요.

여러분도 달리기를 해 본 적이 있지요? 달리기를 하고 나면 심장이 두근두근 빨리 뛰고, 숨이 차서 호흡도 가빠져요. 평소에 운동을 별로

모두를 위한 스포츠 과학

특별 호

하지 않는 사람이라면 이런 현상이 더 심하게 나타나지요. 그 이유는 대체 무엇일까요?

우리가 운동을 할 때는 근육의 힘을 이용해요. 100m 달리기는 짧은 시간 안에 근육에 저장된 에너지를 한꺼번에 사용해야 해요. 이런 운동을 '무산소 운동'이라고 하지요. 따라서 힘이 많이 들고 숨이 금방 차기 때문에 오래 지속할 수 없어요. 반면에 장거리 달리기는 산소를 많이 사용해서 에너지를 만들어 내는 '유산소 운동'이에요. 유산소 운동은 몸 안에 많은 산소를 공급해 주기 때문에 심장과 폐의 기능을 튼튼하게 하고, 피가 다니는 길인 혈관도 건강하게 만들어 주지요. 오래달리기, 수영, 자전거 타기, 에어로빅, 마라톤 등이 유산소 운동에 속해요.

우리가 운동을 할 때 심장이 빨리 뛰고 호흡이 가빠지는 이유는 바로 근육에 혈액(피)을 빨리 보내 주어야 하기 때문이에요. 혈액 속에는 운동을 하는 데 필요한 산소가 들어 있거든요. 평상시에 유산소 운동을 하면 심장과 폐가 단련되어서 몸속에 혈액과 산소를 효과적으로 전달할 수 있어요.

심장은 근육으로 이루어진 주머니예요. 혈액을 온몸으로 고루고루 보내기 위해 끊임없이 오그라들었다가 부풀어 오르는 운동을 하지요. 심장은 크게 4개의 방으로 나뉘어져 있는데 위쪽의 두 부분을 심방이라 하고, 아래쪽 두 부분을 심실이라고 부른답니다.

톡톡 통신

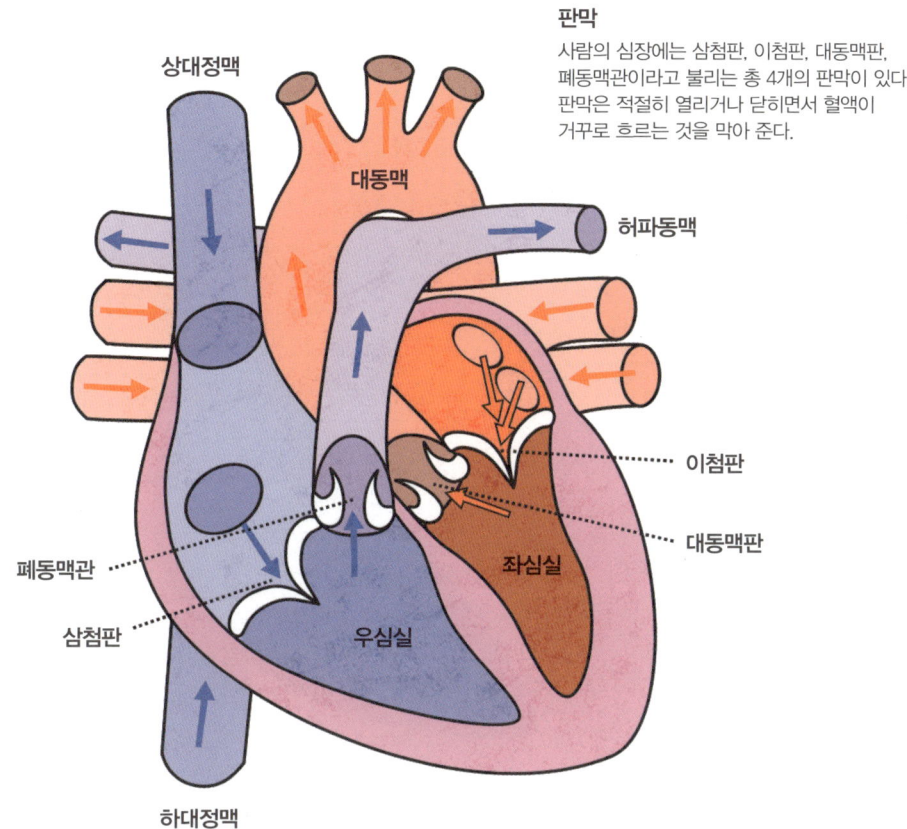

심장 그림을 보면서 설명해 볼까요? 우선 심장의 왼쪽에 있는 좌심실에서 혈액이 밀려 나와요. 그 혈액은 동맥을 지나 모세혈관을 따라 온몸을 돌아다니지요. 그러면서 몸속에 영양분과 산소를 전달하고 동시에 불필요한 찌꺼기와 더러워진 산소를 받아들여요. 그런 다음 혈액은 다시 정맥을 지나 심장의 오른쪽에 있는 우심방으로 돌아와요.

운동을 많이 하면 심장의 근육이 강해지고 크기도 커져요. 그래서 몸이 건강한 사람은 심장이 훨씬 적게 뛰어도 혈액을 온몸에 전달할 수 있지요. 일반 사람들의 심장이 1분에 약 70회 정도 뛰는 것에 비해 마라톤 선수의 심장은 1분에 50회 정도만 뛰어도 충분하답니다.

그런데 땀은 왜 나는 것일까요? 옷도 젖고 몸도 씻어야 하고 귀찮은 일이 한두 가지가 아닌데 말이에요. 땀은 체온몸의 온도이 높아졌을 때 우리 몸을 보호하기 위해서 생겨요. 운동을 하면 한꺼번에 많은 양의 열이 나서 체온이 올라가요. 그런데 체온이 갑자기 많이 올라가면 멀미가 나거나 어지러울 수 있기 때문에 우리 몸은 열을 몸 밖으로 빨리 내보내 체온을 떨어뜨려요. 여기에는 몇 가지 방법이 있는데 그 가운데 하나가 바로 땀이 나게 하는 거예요. 세수를 하고 나면 얼굴이 시원해지지요? 그건 바로 물이 몸에 있던 열을 빼앗아가기 때문이에요. 땀도 마찬가지로 우리 몸의 열을 빼앗아서 체온을 낮출 수 있답니다.

하지만 몸에서 너무 많은 땀이 빠져나가면 위험해요. 왜냐하면 우리 몸의 70% 이상이 물로 이루어져 있기 때문이에요. 몸속 수분 가운데 3~4%가 줄어들면 목이 마르고, 5~8%를 잃으면 몸이 피곤하거나 어지러워요. 그리고 10%가 넘으면 정신이 흐려지고, 15~25%를 잃으면 목숨이 위험하지요. 따라서 운동 중에는 충분히 물을 마셔 주어야 해요. 마라톤 경기는 선수 몸무게의 8%가 땀으로 빠져나갈 정도로 엄청나게 힘든 운동이에요. 그래서 경기 중간 중간 선수들이 물을 보충할 수 있도록 음료를 마련해 둔답니다.

이렇게 우리 몸과 건강, 운동 효과 등에 대해 연구하는 일이 모두 '스포츠 과학'에 속해요. 스포츠 과학은 한마디로 모든 사람들이 건강하고 행복하게 살 수 있도록 과학과 운동을 연결지어 생각하고 연구하는 학문이랍니다.

한 자원 봉사자가 마라톤을 하는 사람들에게 음료를 건네고 있다.

우리 친구들은 땀이 나는 게 싫고 힘들어서 운동을 게을리 하지는 않겠지요? 열심히 운동하면 땀을 흘린 만큼 보람도 느낄 거예요. 건강한 어린이가 인기도 많고 공부도 잘해 낸다는 사실, 잊지 마세요!

특별 호

기획 인터뷰 건강 다이어트 비법은 스포츠 과학?

> 기자는 얼마 전에 놀라운 소식 하나를 들었다. 6개월 동안 불가능해 보이는 다이어트를 성공하고 몸짱에 건강 박사가 된 친구가 있다는 것이다. 기자는 지난 화요일 몸도 지식도 훌륭한 4학년 5반 나건강 군을 만나 이야기를 들어 보았다. 과거 몇 년간이나 뚱보라고 놀림을 받았다는 사실이 믿기지 않게 나건강 군은 깔끔한 미남이었다. 과연 다이어트 성공 비결은 무엇일까?

태 한: 안녕하세요? 이렇게 건강한 모습만 보면 불과 몇 개월 전만 해도 뚱뚱했다고는 상상할 수 없는데요?

나건강: 안녕하세요! 저도 이제는 옛날에 제 모습이 어땠는지 잘 기억나지 않아요. 살이 빠지면서 자신감도 생기고 성적도 쑥쑥 올랐지 뭐예요. 하하하!

태 한: 본격적으로 다이어트를 한 거죠? 저도 다이어트를 해 봐서 아는데 살은 절대 쉽게 빠지지 않더라고요. 무슨 특별한 방법이 있나요? 아니면 황제 다이어트, 바나나 다이어트 등 특별한 음식을 먹고 살을 뺀 건가요?

나건강: 아니요. 특별한 음식을 먹지는 않았어요. 제가 살을 빼기 전 온갖 다이어트를 모두 해 봤지만 가장 좋은 방법은 역시 잘 먹고 많이 움직이는 것뿐이더라고요. 특히 운동을 하는 게 가장 중요한 것

톡톡 통신

같아요. 다른 친구들에게도 꼭 추천해 주고 싶어요!

태 한: '많이' 움직이고 운동을 하는 건 이해가 가요. 하지만 '잘 먹어야' 살이 빠진다고요? 전 믿을 수가 없는데요. 보통 살을 빼려면 음식을 적게 먹어야 하지 않나요?

나건강: 아니에요. 저도 처음에는 그런 줄 알았어요. 그런데 우리처럼 성장하는 아이들은 다이어트를 하려고 음식을 많이 줄이면 안 된대요. 만약 잘 먹지 않으면 건강이 나빠지고 키도 크지 않는다지 뭐예요. 의사 선생님 말씀이 잘 먹고 운동을 해야 효과도 좋대요.

태 한: 아! 성장 중인 어린아이들은 다이어트를 할 때도 잘 먹어야 한다

모두를 위한 스포츠 과학

특별 호

는 거군요. 운동을 함께하면 더욱 좋고요. 그런데 운동을 하면 살이 빠지는 것 말고도 좋은 점이 많을 것 같아요.

나건강: 제가 이번 다이어트를 성공하면서 건강 박사가 되었어요. 지금부터 운동이 얼마나 좋은지 자세히 알려 줄게요.

태 한: 잠깐! 수첩을 꺼내서 좀 적을게요. 저도 따라해 보려고요, 히힛!

나건강: 기자님도 뼈와 근육의 성장을 돕는 성장 호르몬이 우리 몸속에 있다는 건 알지요?

태 한: 물론이지요! 호르몬은 우리 몸에서 나오는 물질인데, 아주 다양한 역할을 하지요. 특히 성장 호르몬은 키가 크도록 도와줘요.

나건강: 와, 생각보다 똑똑하시네요? 성장 호르몬은 잠을 자는 동안에 많이 나오지만 운동을 할 때에도 나와요. 그래서 꾸준히 운동을 하면 몸속에 성장 호르몬이 많아져서 키가 잘 크는 거예요. 참, 성장판은 뭔지 아나요?

태 한: 네, 당연하죠! 성장…….

나건강: 앗, 잠깐! 제가 설명할게요. 제가 주인공이잖아요. 성장판은 뼈가 자라는 장소예요. 관절^{뼈와 뼈가 연결되는 부분}이 있는 뼈의 끝 부분에 있지요. 그 부분이 바로 뼈가 자라는 곳이에요. 적당한 운동은 성장판에 자극을 주어서 뼈를 자라게 하고 그럼 키가 크는 거지요.

태 한: 아하! 그런데 특히 줄넘기나 농구 같은 운동을 하면 키가 큰다고

들었어요.

나건강 : 맞아요. 게다가 운동을 하면 몸이 튼튼해져서 병에 잘 걸리지도 않아요. 그럼 공부할 때 더 잘 집중할 수 있어요.

태 한 : 잠깐! 조금 이상한데요? 운동을 하면 몸이 피곤해져서 오히려 공부가 잘 안 될 것 같은데요?

나건강 : 아니에요. 운동을 하면 뇌도 함께 발달해서 집중력을 높여 준대요. 집중력이 높아지면 공부도 잘할 수밖에 없지요.

태 한 : 에휴, 공부한다는 핑계로 운동을 안 할 수는 없겠네요. 그럼 어떤 운동이 좋을까요? 줄넘기나 농구가 키 크는 데 도움이 된다고는 하지만…… 매일 똑같은 운동을 하면 지겨울 것 같아요.

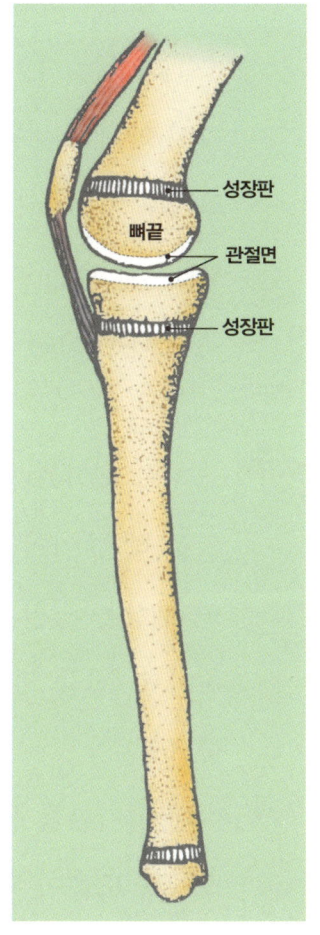

나건강 : 살을 빼려면 '이런 운동을 해라, 저런 운동이 좋다, 몇 시간을 해라' 등 말이 많아요. 그래서 운동을 시작하기도 전에 계획을 세우느라 미리 지칠 때도 있지요. 저는 따로 운동 계획을 세워서 하기보다는 그때그때 가장 하고 싶은 운동을 했어요. 종목을 바꿔 가

면서 하면 그다지 지겹지도 않더라고요. 대신 조금씩이라도 매일 꾸준히 했지요. 운동도 습관인 것 같아요. 생각날 때 가끔 하는 것이 아니라 생활 속에서 운동하는 습관을 들이는 게 중요하지요. 그리고 '운동 시간' 외에도 자주 움직이려고 노력했어요. 엄마 심부름도 하고, 자전거도 타고, 산책도 하고요.

태 한: '운동하는 습관을 들여라!' 중요한 말이기는 한데 실천이 어려울 것 같아요.

나건강: 그래도 해야죠. 참, 운동하기 전에는 반드시 준비 운동과 스트레칭을 해 주어야 해요. 갑자기 무리해서 근육과 뼈를 많이 움직이면 부상을 당할 수도 있거든요. 그리고 적절한 시간에 하는 것이 좋아요. 밥을 먹고 난 직후나 너무 추울 때는 가급적 조심하는 게 좋고요.

태 한: 이번 인터뷰를 통해 잘 먹고 열심히 운동하면 머리도 좋아지고 성장에도 도움이 된다는 사실을 잘 알게 되었어요.

나건강: 맞아요. 간단하고 단순해 보이지만 실천하기는 어려워요. 기자님도 내일 저랑 자전거 타지 않으실래요?

태 한: 에? 너무 갑작스러운 얘기라…… 먼저 생각 좀 해 볼게요. 아마 다다다다다음 주쯤? 히힛!

swimming@dongacho.es.kr
박태한 기자

톡톡 통신

 태한이의 잘난 척 노트

우리 몸에 꼭 필요한 영양소

우리는 음식을 꼭 먹어야 한다. 몸을 움직이려면 음식에 들어 있는 영양소가 필요하기 때문이다. 인간의 모든 움직임은 하나부터 열까지 영양소의 도움이 없이는 불가능하다.

우리 몸에 필요한 영양소는 탄수화물, 단백질, 지방, 비타민, 무기질, 물 등이 있다. 이 가운데 탄수화물, 단백질, 지방을 주영양소 또는 3대 영양소라고 부른다. 우리 몸에 가장 중요하고 섭취량이 많기 때문이다. 하지만 이 영양소들만으로는 정상적인 생활을 할 수 없. 그 외의 영양소도 필요한데 이를 부영양소라고 하며 비타민, 무기질, 물 등이 속한다.

탄수화물
활동에 필요한 에너지를 만들어 내는 대표적인 영양소이다. 쌀, 밀, 감자 등에 많다.

지방
탄수화물과 마찬가지로 에너지를 만든다. 참기름, 버터 등에 들어 있다.

무기질
몸의 구성 성분으로 소화나 배설 등의 기능을 조절한다. 우유, 김, 다시마 등에 풍부하다.

단백질
근육, 피부 등 몸을 구성하는 역할을 한다. 생선, 고기, 콩 등에 풍부하게 들어 있다.

비타민
매우 적은 양으로도 우리 몸이 잘 자랄 수 있게 돕는다. 채소류와 과일류 등에 많다.

물
몸무게의 70%를 차지한다. 영양분을 운반하고 체온을 조절한다.

특별 호

현장 스케치 **우리 모두를 위한 스포츠 과학**

> 1년에 걸친 기획 기사를 마무리하면서 우리 어린이 기자단은 마지막 취재 차 다 함께 밖으로 나가기로 했다. 그곳이 어디냐 하면? 바로 한강! 한강은 다양한 사람들이 모여 운동을 즐기는 대표적인 장소이다. 우리는 그곳에서 사람들을 관찰하며 일상생활에서도 쉽게 즐길 수 있는 스포츠가 무엇인지 하나씩 알아보기로 했다. 이른 아침인데도 불구하고 한강은 운동을 하는 사람들로 북적거렸다.

대학생 장 씨는 매일 아침 한강에서 조깅(달리기)을 한다고 한다. 조깅을 시작한 지는 벌써 2년. 우리가 조언을 부탁하자 장 씨는 전문가 못지않은 알찬 정보들을 들려주었다.

운동을 할 때 가장 문제가 되는 건 어디서(장소) 어떻게(방법) 시작하느냐 하는 것이다. 달리기의 가장 큰 매력은 바로 이러한 고민을 하지 않아도 된다는 점에 있다. 달리기는 언제 어디서나 때와 장소를 가리지 않고 간편하게 할 수 있는 아주 훌륭한 스포츠이다. 장 씨는 이렇게 말한다.

"헉헉, 운동장이나 공원 등 가장 편한 장소에서 시작하면 돼요. 다만, 바닥이 울퉁불퉁하지 않으면서 평평하지만 약간 폭신한 곳이 좋아요. 일반적으로 나무나 흙, 잔디처럼 부드러운 장소가 딱딱한 아스팔트

나 도로에서보다 다리에 충격을 덜 주지요. 한번은 고속도로에서 뛴 적이 있는데 2주 동안이나 못 걸었거든요, 헉헉."

만약 장거리 달리기인 마라톤을 하고 싶다면? 바로 30-30 계획을 세우면 좋다. 왕초보자의 경우 처음 30일은 30분간 걷기(또는 빠르게 걷기)를 계속하는 것이다. 체력이 조금 더 좋다면 천천히 시간을 두고 달려 본다.

조깅은 언제 어디서나 특별한 장비 없이도 누구나 쉽게 할 수 있다.

또는 두 방법을 섞어도 좋은 방법이다. 예를 들어 5분 빠르게 걷기와 5분 달리기, 또는 5분 걷기와 5분 느리게 달리기 등을 쉬지 않고 번갈아 가며 30분을 계속하는 것이다. 초보자의 경우에는 거리를 정해서 달리는 방법보다 시간을 정해서 달리는 방법이 좋다. 이런 방법은 지루하거나 생각보다 힘들 수도 있다. 하지만 쉽게 지치지 않는다는 장점이 있다. 30-30 훈련으로 체력이 좋아지면 단계별로 거리를 늘려 본다. 그럼 더 먼 거리를 더 빨리 달릴 수 있는 체력이 생기게 된다.

skating@dongacho.es.kr
김연하 기자

특별 호

　회사원 박 씨는 자전거로 출퇴근을 한다고 한다. 우리가 한강에서 만났을 때에도 출근하는 길이었다. 무척 바빠 보였지만 10분 정도만 시간을 내어 달라는 기자의 부탁에 손목시계를 흘끔 본 후 흔쾌히 고개를 끄덕였다.

　박 씨에게 자전거는 출퇴근 수단이자 운동 기구이다. 자전거를 타면 회사까지 걸리는 시간은 40분. 꽤 먼 거리였지만 6년이 넘은 습관이라 이제는 아무렇지도 않다고 한다.

　"자전거를 타면 스트레스도 풀리고 잡생각이 사라져서 정신이 건강해지는 느낌이 들어요."

자전거는 날씨의 영향을 많이 받는다. 하지만 작은 힘으로도 먼 거리를 가면서 주변 환경을 즐길 수 있기 때문에 사람들이 즐겨 탄다.

톡톡 통신

자전거는 달리기, 걷기 등과 함께 대표적인 유산소 운동이다. 하지만 달리기에 비해서 덜 지루하고 오래 운동할 수 있기 때문에 다이어트를 하는 사람들에게 매우 인기가 높다. 규칙적으로 자전거 운동을 하면 심장과 폐가 튼튼해지고 근육도 발달한다. 또한 병에도 잘 걸리지 않고 힘든 일을 해도 쉽게 지치지 않는 체력이 생긴다.

"자전거 운동은 남녀노소 누구나 즐길 수 있어서 부담이 없어요."

최근에는 자전거 전문 쇼핑몰도 늘어났고, 여성들이나 가족 단위의 이용자들이 많이 늘었다고 한다. 특히 날씨가 좋은 날에는 자전거를 타는 사람들로 한강이 붐빈다. 기자 역시 작년에 사 놓았지만 지금은 장식품이 된 자전거가 하나 있다. 이 기회에 주말에 한강으로 끌고 나와 일광욕도 시켜 주고 한번 신 나게 달려 볼까?

swimming@dongacho.es.kr
박태한 기자

이 씨는 태권도 강사이다. 줄넘기를 하는 모습이 왠지 폼이 나 보여 말을 걸었다. 이 씨는 아침마다 한강으로 나와 줄넘기로 몸을 푼다고 한다. 우리는 줄넘기에 대해 궁금한 점을 물어보았고 이 씨는 친절하게 답해 주었다.

줄넘기를 고를 때는 줄의 길이가 제일 중요하다. 고르는 사람의 키에 따라 길이를 결정하는데 방법은 다음과 같다. 줄넘기 줄의 가운데를 발로 밟고 서서 줄넘기를 들었을 때 손잡이가 겨드랑이에 닿을 정도면 좋다. 그리고 줄넘기를 넘을 때 줄이 발밑의 바닥을 스치며 지나가야 한다. 즉, 줄이 바닥에 닿지 않으면 줄이 짧은 것이고, 줄이 발 앞쪽의 바닥까지 닿으면 줄이 너무 긴 것이다.

그럼 올바른 줄넘기 자세는 무엇일까? 우선 팔꿈치를 가볍게 구부린 상태로 손잡

키에 맞는 줄넘기 길이

키(cm)	길이(cm)
145이하	210
146~159	240
160~179	270
180이상	300

줄넘기는 혼자서도 할 수 있지만 운동회나 각종 대회에서 여러 사람이 함께하면 협동심과 단결력 등을 키울 수 있다.

톡톡 통신

이를 잡는다. 줄넘기를 잘 못하는 사람이나 몸무게가 많이 나가는 사람은 두 발을 모아서 뛰는 것보다 양발을 번갈아서 뛰는 것이 좋다. 그래야만 무릎에 부담을 주지 않고 오래 할 수 있기 때문이다. 줄넘기 운동은 몸무게를 줄이는 데 매우 좋지만 한 번 운동할 때 적어도 2~3분 이상 계속 해야 살이 빠지는 효과를 볼 수 있다. 줄넘기 횟수는 1분에 120~140회 정도가 적당하다.

soccer@dongacho.es.kr
박재성 기자

★ 재성이의 운동왕 노트

운동할 때 주의할 점

1. 준비 운동과 정리 운동을 10분씩 한다. 본격적으로 하는 운동의 절반 정도만 힘을 들이는 것이 좋다.
2. 밥을 먹고 바로 운동하지 말고 1시간 정도 후에 하는 것이 좋다.
3. 운동을 하는 중간 중간에 한 컵 정도의 물을 마셔 수분을 보충한다.
4. 알맞은 옷을 입는다. 특히 겨울철에는 머리와 손발을 따뜻하게 보호해야 한다.

편집 후기

재성이와 태한이에게 스포츠와 과학은 떼려야 뗄 수 없는 사이라고, 그것도 모르냐고 큰소리 쳤는데……. 막상 기획 기사를 준비하면서 나도 스포츠 과학에 대해서는 아는 게 별로 없다는 걸 깨달았다. 잘해 낼 수 있을까 한 트럭만큼 걱정했지만 무사히 1년이 지나간 것 같아 다행이다. 취재를 하면서 '스포츠 과학'에 대해 공부도 많이 하고 다양한 사람들도 여럿 만날 수 있었다. 나, 재성이, 태한이 모두 공부는 충분히 했으니 지금부터는 진짜 스포츠의 세계로 한번 빠져 봐야지!

과학 없이도 스포츠는 가능하다고 생각했는데, 다양한 사람들을 만나 취재하고 기사를 쓰면서 과학과 스포츠는 생각보다 친한 사이라는 것을 알게 되었다. 그리고 과학은 앞으로도 스포츠와 우리 생활에 계속해서 큰 영향을 미치리라는 것도! 1년간 스포츠 과학 기사를 쓰면서 배운 것도 많고 느낀 것도 많다. 앞으로는 운동은 더 열심히! 공부……에도 관심을! ㅠㅠ

음…… 재성이를 이길 수 없는 이유를 결국 알아냈다. 건강한 생활을 하기 위해서는 과학과 스포츠 모두의 도움이 필요하다는 것도 깨달았다. 재성이 녀석과 달리기를 할 때마다 졌지만 내 신념은 더욱 확실해졌다. 그래, 우선 첨단 장비를 업그레이드하는 거야! 박재성, 내년에 달리기 한판 더 하자! 그때까지 열심히 운동해서 살도 빼고 근육도 길러서 운동왕이 될 테다. 일단 장비 점검부터 하고! 그런데 내 뉴 전신 속도복이 어디 갔지?

'건강하다'는 것의 진정한 뜻

얼굴이 예쁘다는 '얼짱'과 몸매가 좋다는 '몸짱'이라는 말은 이제 주변에서 흔히 들을 수 있다. 연예인은 물론 운동선수, 정치인, 일반인까지 너도나도 얼짱과 몸짱이 되기 위해 정성을 쏟아붓는다. 사람들은 왜 이렇게 얼짱과 몸짱에 큰 반응을 보이는 걸까? 사실 옛날부터 사람들은 외모를 중요하게 생각해 왔다. 고대 그리스의 철학자였던 아리스토텔레스는 인간이 외적인 아름다움을 추구하는 이유에 대해 '장님이 아니고서야 그 이유를 모를 수 있을까?'라고 말했다. 매력적인 외모를 보면 누구나 저절로 관심을 가진다는 말이다.

외모는 겉으로 드러나기 때문에 한 사람을 평가하는 중요한 요소가 된다. 매력적인 외모 덕분에 사람을 사귈 수 있는 기회가 늘어나고, 첫인상만으로 주위 사람들의 좋은 평가를 받는 경우가 많은 건 사실이다. 그래서 사람들이 조금이라도 더 아름답고 건강해 보이기 위해 성형 수술을 하거나 운동에 매달리는 것 또한 자연스러운 현상이라고 할 수 있다.

하지만 문제는 그에 따른 부작용이 생긴다는 점이다. 예뻐지기 위해 무리한 성형을 하거나 지나치게 운동하면 되려 건강을 해칠 수도 있기 때문이다. 그리고 한창 성장하는 청소년기에 심한 운동이나 다이어트를 하면 오히려 몸의 이상을 불러오고 영양소의 불균형을 일으킬 수 있다. 사람들은 저마다 몸 상태가 다르므로 건강과 체력 등을 정확히 점검하고 몸에 맞는 운동을 해야 한다.

얼짱, 몸짱이 되기 위해 노력하는 일 자체는 잘못이 아니다. 단지 왜 그래야 하는지, 무엇을 위해 자신을 변화시키려고 하는지 객관적으로 생각하고 진지하게 고민해 보는 시간이 꼭 필요하다. 그러면 결국 올바른 생각과 적절한 방법을 찾을 수 있을 것이다.

건강한 스포츠를 위하여!

스포츠를 재미있게 즐기려면 어떻게 해야 할까요? 스포츠를 올바르게 할 줄 아는 사람에게 '건강 금메달'을 선물로 준대요. 맞는 길을 따라가다 보면 금메달이 보일 거예요!

경기력 운동선수나 팀이 운동 경기를 해 나가는 능력

규정 규칙으로 정하는 일 또는 정하여 놓은 것

근육 힘줄과 살을 통틀어 이르는 말. 운동을 하는 데 꼭 필요한 기관으로 단백질, 지방, 탄수화물, 무기 염류 등을 포함한다.

금의환향(錦衣還鄕) 크게 성공하여 비단옷을 입고 고향에 돌아온다는 뜻의 고사성어

단축 시간이나 거리 등이 짧게 줄어들거나 그렇게 줄이는 것을 말한다.

도움닫기 높이뛰기, 멀리뛰기, 창던지기 등을 하기 전 구름판까지 일정한 거리를 달리는 일

동호회 취미나 좋아하는 것을 함께 즐기는 사람들의 모임

반동 어떤 힘이 작용했을 때 그와 반대 반향으로 힘이 생기는 것을 말한다.

백보드 농구에서 골대를 붙인 판

분산 뭉치지 않고 뿔뿔이 갈라져 흩어지는 일

수축 근육이나 부피 등이 오그라드는 것

순발력 순간적으로 판단하여 말하거나 행동할 수 있는 능력

스트레스 적응하기 어려운 환경에 처할 때 느끼는 심리적·신체적 긴장 상태를 말한다. 오랫동안 계속되면 여러 가지 신체적 질환을 일으키기도 하고, 불면증이나 신경증, 우울증 등에 걸리기도 쉽다.

슬럼프 운동 경기 등에서 자기 실력이 제대로 나오지 않고 제자리에 머물러 있거나 좋지 않은 상태가 길게 계속 되는 상태

습도 공기 가운데 수증기가 들어 있는 정도. 공기가 포함할 수 있는 최대 수증기의 양은 온도에 따라 다르다. 대기 중에 포함된 수증기의 양을 절대습도라 하고, 현재의 수증기량과 포화 수증기량에 대한 비율을 퍼센트로 나타낸 것을 상대 습도라고 한다.

신소재 새롭게 개발된 물질로 여러 가지 재료들을 합해서 만든다. 뛰어난 특성을 가진 소재를 통틀어 이르는 말

실격 기준에 미치지 못하거나 초과할 때 그리고 규칙을 위반할 경우 자격을 잃는 일

압력 물체와 물체가 닿는 면 사이에 작용하는 힘으로 서로 수직으로 밀어낸다.

영양소 우리 몸을 구성하는 물질로 성장을 도와주거나 에너지를 공급한다. 탄수화물, 지방, 단백질, 비타민, 무기질, 질소, 칼륨, 인 등이 있다.

저항 어떤 힘이나 조건에 눌리지 않고 거스르거나 버티는 일 또는 움직이는 물체의 방향과 반대 방향으로 작용하는 힘

전력 질주 모든 힘을 다해서 빨리 달리는 일

정책 정부나 단체, 개인이 앞으로 나아갈 방향이나 계획

코르크 코르크나무의 겉껍질과 속껍질 사이의 두껍고 탄력 있는 부분 또는 그것을 잘게 잘라 만든 물건을 말한다. 보온재, 방음재, 구명 도구의 재료 등 여러 곳에 쓰인다.

호르몬 몸속에서 나오는 물질 가운데 하나로 다른 기관의 활동에 특정한 영향을 미친다.

트랙 육상 경기장이나 경마장에서 선수 또는 말이 달리는 길

향상 실력, 수준, 기술 등이 나아지는 일

신나는 토론을 위한 맞춤 가이드

스포츠 과학에 대한 이야기를 재미있게 읽었나요? 이제 스포츠 과학 박사가 다 되었다고요? 그 전에 마지막 단계인 토론을 잊지 마세요. 토론을 잘하려면 올바른 지식과 다양한 정보가 바탕이 되어야 해요. 책을 읽고 친구 또는 엄마와 함께 신 나게 토론해 봐요!

잠깐! 토론과 토의는 뭐가 다르지?

토론과 토의는 모두 어떤 문제를 해결하기 위해 의견을 나누는 일입니다. 하지만 주제와 형식이 조금씩 달라요. 토의는 여러 사람의 다양한 의견을 한데 모아 협동하는 일이, 토론은 논리적인 근거로 상대방을 설득하는 일이 중요합니다. 토의는 누군가를 설득하거나 이겨야 하는 것이 아니기 때문에 서로 협력해서 생각의 폭을 넓히고 좋은 결정을 내릴 때 필요해요. 반면 토론은 한 문제를 놓고 찬성과 반대로 나뉘어 서로 대립하는 과정을 거치지요.
넓은 의미에서 토론은 토의까지 포함하는 경우가 많습니다. 토론과 토의 모두 논리적으로 생각 체계를 세우고, 사고력과 창의성을 높이는 데 도움을 준답니다.

토론의 올바른 자세

말하는 사람
1. 자신의 말이 잘 전달되도록 또박또박 말해요.
2. 바닥이나 책상을 보지 말고 앞을 보고 말해요.
3. 상대방이 자신의 주장과 달라도 존중해 주어요.
4. 주어진 시간에만 말을 해요.
5. 할 말을 미리 간단히 적어 두면 좋아요.

듣는 사람
1. 상대방에게 집중하면서 어떤 말을 하는지 열심히 들어요.
2. 비스듬히 앉지 말고 단정한 자세를 해요.
3. 상대방이 말하는 중간에 끼어들지 않아요.
4. 다른 사람과 떠들거나 딴짓을 하지 않아요.
5. 상대방의 말을 적으며 자기 생각과 비교해 봐요.

공의 과학을 찾아서

본문에서 야구공, 농구공, 축구공, 골프공 속에 숨은 과학 원리를 배웠어요. 책을 읽고 내용을 정리해 봅시다. 이외에도 스포츠 경기에서 사용되는 공들을 더 찾아보고, 어떤 과학 원리가 숨어 있는지 함께 알아봅시다. (예: 배구공, 탁구공 등)

 야구공

 농구공

 축구공

 골프공

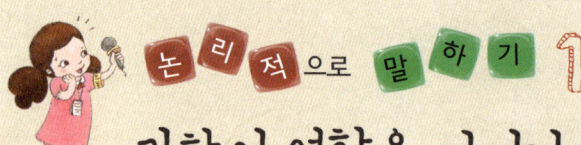

논리적으로 말하기 1
과학의 역할은 어디까지일까?

전신 수영복이 개발된 이후에 수영 종목에서는 세계 기록이 쏟아져 나왔어요. 그러자 2010년 국제수영연맹은 전신 수영복을 입고 경기하는 것을 금지시켰어요. 다음 기사를 읽고 함께 토론해 봅시다.

기적 같은 반전 드라마였다. 1번 레인의 불리한 여건을 괴력과 투지로 뒤집었다. 박태환의 이번 우승이 높이 평가 받는 또 하나의 이유가 있다. 이번 대회는 전신 수영복 금지 후 열린 첫 번째 세계선수권이다.

폴리우레탄 재질의 첨단 전신 수영복은 물에 뜨는 힘인 부력을 향상시키고 물의 저항을 줄여 신기록을 쏟아냈다. 전신 수영복 도입 이후 2008년 세계 기록은 108개나 나왔다. 2009년 로마 세계선수권에서도 43개가 쏟아졌다.

인간 그대로의 신체 기능을 겨루는 스포츠 정신과 맞지 않는다는 논란 속에 국제수영연맹(FINA)은 지난해부터 첨단 전신 수영복을 금지했다. 이후 약 1년 6개월 동안 올림픽 규격인 롱코스에서 세계 기록은 한 차례도 나오지 않았다.

2011/07/25 동아일보

---

1. 전신 수영복 속에 숨어 있는 과학 원리는 무엇인가요?

2. 전신 수영복이 금지된 이유는 무엇인가요?

3. 첨단 과학으로 무장한 옷과 장비는 신기록을 내도록 도와주어요. 하지만 모든 선수들이 사용할 수 있는 것은 아니에요. 그럼 선수의 기량이 아무리 뛰어나도 불공평한 경기가 될 확률이 높답니다. 스포츠 경기에서 사람의 힘만으로 경기를 치르는 게 옳을까요, 아니면 과학을 이용한 첨단 장비를 사용하는 것도 스포츠의 한 부분으로 인정해야 할까요? 각자 주장하는 근거를 적고 서로 반대편으로 나누어 토론해 봅시다.

나의 주장 : 첨단 장비의 도움을 받아서는 안 된다.
그렇게 생각한 이유 :

VS

나의 주장 : 최신 운동복을 입고 경기를 해도 된다.
그렇게 생각한 이유 :

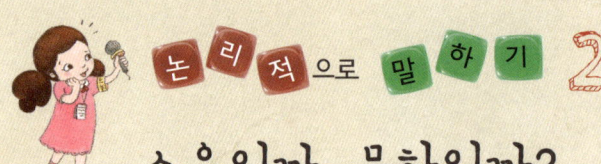

소음일까, 문화일까?

2010년 남아공 월드컵에서 전통 악기인 부부젤라는 골칫거리였어요. 소리가 너무 요란해서 경기에 방해가 될 정도였지요. 하지만 국제축구연맹(FIFA)은 부부젤라를 아프리카의 문화로 받아들여 금지시키지 않았어요. 부부젤라처럼 전통 악기지만 경기 결과에 영향을 끼칠 만한 응원 도구가 있다면 경기에서 금지시켜야 할까요, 아니면 그 나라의 문화로 인정하고 받아들여야 할까요? 찬성과 반대로 나누어 엄마 또는 친구와 함께 토론해 봅시다.

❶ 나의 주장 : 전통 악기라도 제한을 해야 한다.

그렇게 생각한 이유 :

VS

❷ 나의 주장 : 전통 악기는 한 나라의 문화로 인정해야 한다.

그렇게 생각한 이유 :

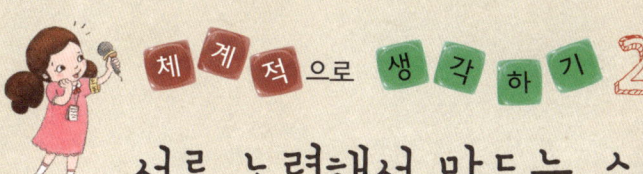

서로 노력해서 만드는 스포츠 경기

누구나 일등이 되고 싶어 해요. 하지만 상대방과 정정당당하게 겨루지 않는다면 진정한 스포츠라고 할 수 없겠지요. 정정당당한 경기를 위해 서로 어떤 노력을 기울여야 하는지 생각해 봅시다.

감독과 코치
성적에 대한 선수들의 부담을 덜어 주고, 마인드 컨트롤을 잘 할 수 있도록 돕는다.

1. 운동선수

4. 정부

정정당당한 스포츠 경기

2. 도핑 검사 기관

3. 관중

나만의 스포츠를 만들자!

점심시간에 축구, 농구, 발야구 등 운동을 하는 친구들이 꽤 있을 거예요. 그런데 맨날 똑같은 운동을 하면 지겨울 때도 있어요. 만약 새로운 운동을 만들 수 있다면 어떤 종목이 좋을까요? 그 규칙과 방법은요? 마법 빗자루를 타고 하늘을 날면서 한다고 해도 좋아요. 뭐 어때요. 상상하는 우리 마음이죠!

종목 이름

필요한 기구

인원

경기 규칙 및 방법

예시 답안

공의 과학을 찾아서
야구공 : 솔기는 공이 날아갈 때 공기의 저항을 줄여 공의 속도가 떨어지는 것을 막아 준다.
농구공 : 농구공 겉면에 난 작은 돌기들은 공이 회전하는 것을 도와준다.
축구공 : 축구공의 가죽 안에 있는 고무의 탄성 덕분에 회전력과 스피드, 공이 튕기는 힘인 반발력 등이 높아진다.
골프공 : 골프공 겉면의 딤플은 공이 날아갈 때 공기의 저항을 줄여 더 멀리 날아갈 수 있게 도와준다.

과학의 역할은 어디까지일까?
1. 전신 수영복은 폴리우레탄으로 만들어졌다. 부력을 향상시키고 물의 저항을 줄여 헤엄치는 데 도움을 준다.
2. 인간 그대로의 실력을 겨루는 스포츠 정신과 맞지 않다는 논란이 일었다.
3. ❶ 첨단 장비는 돈이나 기술이 풍부해야 준비할 수 있다. 하지만 선수들이 모두 같은 수준의 지원을 받는 것은 아니기 때문에 출발부터 불공평하다.
   ❷ 스포츠 경기에서 과학의 역할은 점점 커지고 있다. 따라서 과학을 이용한 첨단 복장과 장비 모두 스포츠 경기의 한 부분으로 인정해야 한다.

소음일까, 문화일까?
❶ 올림픽이나 월드컵은 전 세계인이 즐기는 축제이다. 따라서 다른 나라 선수들이 경기를 하는 데 피해를 준다면 아무리 전통 악기라도 주의를 주어야 한다.
❷ 국제 경기는 개최국의 문화를 경험하고 배우는 무대이기도 하다. 다른 나라 선수들과 관중들이 이해하고 문화로 받아 들여야 한다.

서로 노력해서 만드는 정정당당한 경기
1. **운동선수** : 성적에 욕심내지 말고 자신의 실력만큼 정정당당하게 경기를 치른다. 그리고 결과에 깨끗이 승복할 수 있는 마음가짐을 갖도록 노력한다.
2. **도핑 검사 기관** : 금지 약물을 복용한 선수를 찾아내 해당 선수가 경기에 참가하는 것을 막아 다른 선수들에게 피해를 주지 않도록 한다.
3. **관중** : 일등부터 꼴등까지 모든 선수들에게 관심을 쏟고 따뜻한 격려와 위로를 해 준다.
4. **정부** : 선수들이 마음껏 운동할 수 있는 좋은 환경을 만들고, 최선을 다한 만큼 보상 받을 수 있도록 제도를 마련한다.

글쓴이 김은선

서울에서 태어나 이화여자대학교와 같은 학교 대학원에서 물리교육을 전공하고 현재 신화중학교에서 과학을 가르치고 있습니다. EBS 라디오 「어린이 세상」, 어린이 과학 잡지 《과학소년》에서 초등학생의 눈높이에 맞게 과학 원리를 설명하기도 했지요. 과학이 생각보다 쉽고 재미있다는 걸 알리기 위해 열심히 노력하고 있습니다.

그린이 정중호

대학에서 디자인을 공부한 후 그림, 플래시 애니메이션 등 다양한 방식의 작업을 해 왔습니다. 특히 'SHAVICAT(샤비캣)' 등의 여러 팬시 제품도 출시하였고, 과학 읽기책인 『원시인도 모르는 공룡』에 그림을 그렸습니다. 어린이들의 감각과 상상력을 키워 줄 수 있는 좋은 작품을 만들기 위해 지금도 열심히 그림을 그리고 있습니다.

초등 융합 사회과학 토론왕 시리즈 ❼ 더 멀리 더 높이 더 빨리 스포츠 과학

- 이 책에 실린 일부 내용은 《과학동아》, 《어린이과학동아》에 게재된 기사를 재인용하였습니다.
- 이 책에 실린 사진은 다음과 같이 기관 혹은 개인으로부터 게재 허가를 받았습니다. (가나다 순) 다만 출처를 잘못 알고 실은 사진이 있는 경우 해당 저작권자와 적법한 계약을 맺을 것입니다.

　　동아일보
　　위키피디아
　　이미지비트
　　체육과학연구원